U0738905

好姑娘，

先谋生再谋爱

夏诺 著

台海出版社

图书在版编目（CIP）数据

好姑娘，先谋生再谋爱 / 夏诺著． -- 北京 ：台海
出版社，2016.5

ISBN 978-7-5168-0994-5

Ⅰ．①好… Ⅱ．①夏… Ⅲ．①女性－成功心理－通俗读物
Ⅳ．① B848.4-49

中国版本图书馆 CIP 数据核字（2016）第 090871 号

好姑娘，先谋生再谋爱

著　　者：夏诺			
责任编辑：姚红梅		装帧设计：金刚	
版式校对：武芳芳		责任印制：蔡旭	

出版发行：台海出版社

地　址：北京市朝阳区劲松南路 1 号，　邮政编码：　100021

电　话：010 － 64041652（发行，邮购）

传　真：010 － 84045799（总编室）

网　址：www.taimeng.org.cn/thcbs/default.htm

E-mail：thcbs@126.com

经　销：全国各地新华书店

印　刷：北京爱丽精特彩印有限公司

本书如有破损、缺页、装订错误，请与本社联系调换

开　本：787×1092		1/32	
字　数：133 千字		印　张：8	
版　次：2016 年 6 月第 1 版		印　次：2016 年 6 月第 1 次印刷	

书　号：ISBN 978-7-5168-0994-5

定　价：35.00 元

版权所有　翻印必究

第一章　你若盛开，蝴蝶自然来
/001-042

外貌协会不是罪 / 袖口上的优雅 / 美丽是一个人的开场白

优雅让你赢得掌声 / 最棒的化妆品叫气质

爱自己，才能爱别人 / 做个长跑女人

第二章　独立自强是人生必经的成长
/043-086

自己挣的面包更美味 / 撒娇女人不好命 / 你的第一任务是独立

总要放开父亲的手 / 自信的小拇指 /

卖白菜我也要比别人优秀 / 做个别人眼中的坏女人

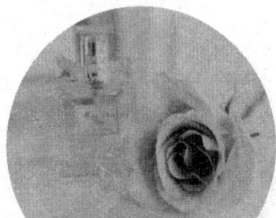

第三章　梦境中的公主，现实中的女王
/087—120

绊脚石的名字叫嫉妒 / 滚蛋吧！虚荣心

鞋子好看不如鞋子合脚 / 斗嘴怡情，大吵伤身

赞美比抱怨更管用 / 管住男人的胃才能管住男人的心

第四章　熬过的都是对你的奖励
/121—164

失败最怕坚韧的人 / 珍珠是贝壳的涅槃 / 黑暗是最好的调味剂

过去不是枷锁，是动力 / 没有大伞，依然选择继续奔跑

做一朵铿锵玫瑰 / 看见阳光就微笑

好姑娘，先谋生再谋爱

第一章

你若盛开，蝴蝶自然来

外貌协会不是罪

我和小李是同事，也是大学同学。仿佛在日复一日的朝九晚五百无聊赖般的生活中，我与她之间唯一的趣事便是下班挤公交时的闲言碎语。

那晚我们在加班之后的公交车上，小李自顾自地翻着朋友圈，还时不时地自言自语两句，我便呆呆地看着窗外匆匆而过的行人和街灯。

她突然对我说："你还记得林某某吧，就是之前和你一起住过一段时间的那个。""你怎么突然想起她了？"我问着，她便把手机往我跟前递，"那小妮子成天发自拍，嘚瑟得要命，不晓得使了什么法子，突然就变了个人似的。"小李说着，手机屏幕上的美女离我越来越近，我渐渐看清楚了照片上的面容，是小林。"唉。"小李叹了叹气，一边不可置信地摇着头一边继续逛着朋友圈，嘴里嘀咕着，"有钱就是好哇，有钱就是任性。

人家整个容，抽个脂，就变得天生丽质咯，工作什么的更不用愁。你瞧瞧，就凭这脸蛋，这身材，呦，有啥工作找不到呢！"我看向小李，手机屏幕的亮光照出她对小林一脸的鄙夷。

"也许不是吧，小林之前就一直在减肥，不是吗？"我说。"你这人还真是天真呐，我从读书那会儿就知道她会去整，你没看她成天把自己打扮得花枝招展的，没事就知道看帅哥美女吗？还不是自己没有就只能想想别人的，人就是这样，看多了、想多了便要怪自己没有了。没有了怎么办？你以为就凭她那身段和颜值能减成现在这样？还是空姐哎！有些人么，就是这样，没有钱换来的颜值她就不能活了呗！哪像我们这些小市民，还要成天这样辛苦地工作；加班。工作，加班！"

"你忘了她读书时候的样子了？"小李补充道。

我是想反驳的，但终究是没有再说什么，只是继续望着窗外，不再去听小李所谓的道理和证据。

是的，我和小林——现在的林美女算不上特别熟，但是我们之前同住一间寝室，关系也不算坏，所以现在多少也还有些联系，节假日时偶尔互相问好也会聊聊大家的近况。小林现在是某航空公司的空姐，工资待遇也还不错，喜欢发一些小自拍秀秀颜值和身材。颜值、身材，这是她引以为傲的方面。

　　早在我们是同学的时候她就格外注重自己的外貌，她爱看帅哥，爱看美女，也爱看自己。所以我们经常调侃她是外貌协会的成员，但她并不生气，也不感到尴尬，只是摆出一副很乐意且很享受的样子说道："爱美之心人皆有之，外貌协会不是罪啊！我是外貌协会成员我乐意。"

　　那时候的她并不是如现在这般美丽，虽说她个子高，但她长得胖，站在我旁边活生生地就是一堵墙，而且这堵墙的墙面上也并不光滑——

　　她是天生的痘痘肌，那时候又正处在青春期，所以她的脸上乍一看上去确实有点吓人。那时候的小林总喜欢在脸上涂涂抹抹，人前总是带着妆的，小李每每看到这样的小林总会冷嘲热讽一句："丑人多作怪。"一样是不算美的一张脸，但小李却有着让小林羡慕的身材，每当小林向她投去羡慕的目光，她总是别过脸去不看小林带妆的容颜，并带着近乎炫耀的腔调说着："心灵美才是真的美，外表那都是虚的。"那时候的我也总会附和着小李，对小林的做法表示嘲笑和轻蔑。

　　小林搬来与我同住的时候我因为原先对她的偏见，开始的一段时间里对她的态度实在是不太好，加上她每天都会接一个很长时间的电话，我对她便更加厌烦了。

那日，她似乎是看出了我的心思，便来与我道歉，她说电话是她妈妈花钱请人帮她调理身体的，让我多多包涵着一些。我看向她带妆的容颜与那堵墙一般的身材，有些不耐烦地说："外表有那么重要吗？心灵美才是真的美，这点你不懂吗？"她有些委屈地说："你不是我，根本不会懂我的痛苦。"一时间我有些后悔自己冒昧的言辞了，是啊，我从来就没胖过，又怎么会理解她的苦恼呢！

每当看到她坚持按照电话里的方子来吃饭，看到她不间断地运动、看到她依旧涂涂抹抹、还有她那课外的瑜伽课时，我虽然有些佩服，但心里依旧轻蔑地想着："看你能坚持多久"。

后来，在渐渐相处的过程中我知道了她天生就爱美，她一直以来的梦想便是做一名空姐。她说小时候妈妈第一次带她坐飞机的时候她比较调皮，但一位美丽的空姐非常耐心地照顾她，所以她便记住了那位姐姐，而且打定主意要做一名空姐。

后来，妈妈给她买了玩具飞机模型，她爱不释手，也更加坚定了自己的梦想。可惜后来她生了一场病，那段时间她不能进食，只能靠打营养液维生，病好后她就一直长胖，直到现在这个样子。即使是自己的身体偏离了梦想的轨道，她也从未想过要放弃自己的梦想，所以她也不想放弃自己的一颗爱美之心。

她说曾经看到过这样的一个研究结果："当一名女子进入男人的视线范围之内，无一例外，男人的目光立刻就会被这名女子吸引过去。这个过程完全是人体自然机能在起作用，是一种'巴甫洛夫'条件反射，根本不经过任何大脑的思考。"

虽然她不是男人但也是有一颗外貌协会的心的，她爱美女，当然也希望自己变美，还希望变美之后满足她小小的花痴愿望。她玩笑着对我说："你若盛开，男神自来哦！"

我听了她的故事和她的想法，突然觉得她不怕麻烦不怕辛苦做的这一切都是值得的，而我以前对她所谓的轻蔑都是可笑的，便调侃道："你若盛开，空姐自来！"她笑了，眼中带着对未来的憧憬与阳光。

我亲眼目睹了她每天的努力，但那只是毕业前校园里小部分的时光。虽然之后的日子里我没有见证她所作出的努力，但在平时问候的只言片语里也了解到了她的一些情况，我相信现在的"林美女"就是她自己努力变美的结果。如果真像小李说的那样，那么要求苛刻的某航空公司又怎么会许小林通过面试呢。

窗外依旧是忙碌的世界，仿佛在夜里也不愿停歇，公交车上的我仿佛还能听见小林说："爱美是女人的天性，连自己的容颜和身体都不好好爱护的人又怎么敢奢望别人好好待你。爱美之心人皆有之，外貌协会不是罪。"

小李依旧乐此不疲地逛着朋友圈，依旧在公交车上评论一些闲言碎语。她自顾自地说笑着朋友圈里的一切，而我却在她脸上看出了满满的疲惫。

袖口上的优雅

我上高中的时候，加入了学校广播站，主要工作就是收集稿件。有一次，我去广播站投稿箱取稿件，老远就看见一个瘦弱的身影站在投稿箱前，来来回回地走动，等我走到她面前，她讶异地看着我，这时我才看清她的手中拿着一个浅蓝色的信封，想来是准备投稿，我笑着对她说："同学，我是校广播站的，如果你打算投稿。可以交给我，我今天就是来取稿件的。"说着，我从口袋里拿出一把钥匙，打开了投稿箱，取出了一叠信封。

她看着我手中的稿件，犹豫了许久，略带羞涩地把手中的信封递给了我，抬手间我看到她衬衫袖口处绣了几只蝴蝶图案，蓝色的蝴蝶停在白色的袖口上，有一种说不出的美，我看的太过入神，愣了片刻才伸手接过信封。她转身要走，却在转身的瞬间又回过头，对我说："谢谢。"这是我们第一次见面。

　　我回到广播站，看大家的来稿时，忽然就想起那个袖口绣着蝴蝶的人，那样的女孩会写出怎样的文章呢？在好奇心的驱动下，我在一大堆信件中找到了那个浅蓝色的信封。信封上是一行娟秀的小楷：高二（4）班苏曼。我小心翼翼地拆开信封，展开信纸，开篇是：风依如水的年华，拆落无尽的繁花，静默于黑夜的步伐，在天亮以后渐行渐远；那些被期待的岁月，不曾在我们离开之后改变，嘲笑自己像个笨小孩，看不透那些所谓的永远……

　　果然像我期待的那样，她写得很好，文如其人。后来，这篇文章通过了校编辑审核，被发表在了我们学校的校报上，我也因为这件事和她有了交集。

　　一天，我趁下课时间带了一份校报去找苏曼，在她班门口拉了个同学，让她帮我叫一下苏曼。很快，她就出来了，穿着蓝色的衬衫，袖口处依然绣着蝴蝶。她看到我似乎很惊讶，面带疑惑地问："你来找我是有什么事情吗？"我微笑着摆摆手说道："没什么事，你还记得上次给我的稿件吗？你文章写得很好，而且通过了编辑审核，已经在我们学校的校报上发表了，我是特地来告诉你这个消息的"。

　　说着，我便将手中的校报递给了她。她既惊讶又高兴，捏着手中的校报，眼睛里满满的都是笑容。看着她那么开心，我说："你文笔很好，可以多来投稿。如果你有好的文章，可以去办公楼三楼最后一间房间找我，我星期一到星期五的中午都会在那里看稿件。"她听了，点了点头。从那天以后，她经常去找我，我们有时候整个午休都在讨论稿子，我们也慢慢地开始熟络起来，并且交换了联络方式。和她相处的时间越长我越觉得这是个有才的姑娘，为人又谦虚好学，我时常在想什么样的父母和家庭才能教育出这样的孩子。没想到不久之后，我就看到了，但事实却远远超出了我的想象。

那是个星期天的下午，我接到校编辑部打来的电话说，下个星期要出的校报还差一篇写景的散文，但是校内来稿里没有合适的，问我能不能找到一篇，这时我想到了苏曼前两天跟我说她正在写一篇散文。我立刻给苏曼打电话，苏曼说她写了，但是家里没人她走不开，要我去她家里拿，并把她家的地址发给了我。苏曼家离我家不近，我坐公车转了几站，到了地方，又问了路人才找到苏曼家，我站在她家门口给她打电话说："苏曼，我在你家门口。"苏曼回我："好的，我就来。"

一会儿，苏曼就出来了，穿着蓝白格子衬衫，袖口处依然绣着蝴蝶，她一边带着我进去，一边说："挺累的吧！我家太偏僻，不好找，要不是我走不开，就不让你跑过来了。"我笑着说："没事，我正好也没什么事，而且我早就想来你家看看。"苏曼没说话，领我进了屋子。

我刚进门，就有一个小女孩扑上来，一边叫着："姐姐"。小女孩抬头看到我旁边的苏曼，才发现抱错了人，立马害羞地跑开了。我很好奇，就问苏曼："是你妹妹吗？不过和你年龄差太多了吧！"苏曼拉我坐在客厅的旧沙发上，自己也坐下来，侧着脸对我说："不是我妹妹，是邻居王阿姨家的孙女，她出门有事要办，让我帮她看一下孩子。我只有两个姐姐，是家里最小的"。看我一副原来如此的样子，苏曼满脸笑意地说："好了，来，去我房间，我给你找稿子。"

苏曼的房间很小，但打理得干净整洁，一张朝阳的木制书桌，上面贴了蓝色的壁纸，窗帘也是浅蓝色的，一个老式的油漆衣柜，上面镶嵌着一面穿衣镜，柜上的油漆有些许脱落，似乎有些年月了。苏曼让我坐在她床上，她在书桌前给我找稿子，我闲着没事，就问苏曼："小曼，今天不是星期天吗？怎么没见你姐姐和爸妈？"苏曼听到我的话，身体愣了一下，然后，又一边找，一边用很平静地话说："我大姐结婚了，二姐在外地上大学，星期天要做兼职，平时很少回来；我妈做家政工作的，星期天也不放假，而我爸……"

她停顿了许久，接着说："我上小学的时候他就跟我妈离婚了，也有了新的家庭。"说这段话的时候，她是背着我说的，我看不到她的神情，但我意识到自己不该问这个问题。我很抱歉地说："对不起，我不该问这些，让你想起不愉快的事。"

她转过身面对着我，扬了扬手中的稿子，笑着说："找到了。"走到床前，坐到我身边说："我一点也不觉得这有什么。我只是没有爸爸，但我有妈妈和姐姐，她们一样很爱我，给我最好的生活，供我上学，我还有什么不满足、好难过的？"

苏曼刚说完，门外就传来开门声，苏曼说："可能是我妈回来了。"我随着她走出房间，正好碰上苏曼妈妈进来，她妈妈看到我，笑着问："是小曼同学吧！""阿姨好，我是阿丽，很高兴见到您。"

我看了看手表，已经5点了，我回头看了看苏曼和阿姨说："天晚了，我该回去了，要不一会儿天该黑了。"苏曼还没说话，她妈妈就说："小曼，你去送送阿丽，一会儿，我把孩子送给你王阿姨。"

苏曼点了点头，和我一起出了门，在去公车站的路上，我又看到苏曼袖口上的蝴蝶，我忍不住就问："从我们认识时，我见你衬衫的袖口总绣着蝴蝶，你为什么在衬衫袖口处绣着蝴蝶？"她侧着头，抬手朝我扬了扬袖口的蝴蝶，略带笑意地说："你说这个呀！很简单，因为我的衬衫都是我二姐高中时的旧衣服，袖口的地方磨损很严重。我为了好看，就和我妈学绣花，自己绣上一圈蝴蝶，既修补了衣服，又好看了许多，你不觉得这是个好办法吗？"我随口应到："是挺好的。"

　　说完，我们正好到了公交站台，我要坐的那路车也来了，我向苏曼挥了挥手。上了车，坐在位子上，我从车玻璃看到苏曼的背影。我想起她袖口的蝴蝶，我曾猜测，它是带有某种特殊的意义，却没想到事实上，它只是她生活的一部分，所以带着无法言说的一种美，而苏曼就像她袖口上的蝴蝶，美丽而优雅。

　　无论生活给你多少苦难，只要能看到生活中细微的美好，仍然可以活得美丽优雅。你若盛开，蝴蝶自来。

美丽是一个人的开场白

大学已经毕业两年了，我忘记了很多老师和同学，但有一个人是特别的。她不是我的朋友，只是一个见过两三次面的同级校友，但她却在我心中留下了难以忘怀的印象，她的名字叫陈蕾，我从她身上悟出了一个道理。

遇见她是在一个才艺比赛中，我被社团的部长派去拍摄学校举办的"我型、我秀"才艺表演活动的照片，目的是给为这个活动写的报道做插图。那天，我早早到了举办活动的地点——大学生活动中心3楼。活动开始时，我连续拍摄了好几张照片，有在串讲的主持人、有观众席上的同学、有学校的领导。

表演开始了，第一个选手出场，他介绍自己的专业和名字还有表演的才艺是吹口琴后，一开始表演我就拍了照片，目的是为了让自己接下来可以好好欣赏这个表演。第二个选手表演的是打太极，他的一招一式真的有板有眼，台下的观众纷纷鼓掌，我因此也多拍了两张照片。

接下来出场的是位女生，身穿一套色彩缤纷的瑶族服饰，头戴绚美多姿的锦绣帽，帽下的发丝亮泽至腰，中等个子；仔细看她的五官，虽然并不出众，但是整个人散发出一股灵秀的气息，宛如一个远古而来谜一般的女子。

她站定在舞台中央，观众席便响起了热烈的掌声，想必是她与众不同的美和气质赢得了观众的喜爱。待掌声落下，她的声音是干净利索的，说："大家好，我的名字叫陈蕾，表演的才艺是瑶族舞蹈。"

我情不自禁地连续拍了好几张陈蕾面带微笑地站在舞台中央的照片，然后在台下静静地欣赏她的舞蹈：陈蕾翩翩起舞，一转一跳，像一个衣着华丽的森林精灵在乐此不疲地舞动。我在欣赏这个精彩的舞蹈过程中拍摄了很多惊艳的照片，边拍心里边想到看她的第一眼，就感觉到她身上的那种干净与清秀，这是不同于其他美女的那种赏心悦目，但看起来却让我心里很舒服。

表演完毕的时候，陈蕾飞快地整理了一下裙摆，优雅地做了一个向众人表示"谢谢"的姿势后，不疾不徐地走下舞台，台下响起了热烈的喝彩声。陈蕾的举手投足都让我觉得很顺眼和舒服，我被这个干净又灵秀的姑娘吸引住了，以至于在拍摄后面选手的表演照片时都难以专心。

有些人，你一旦记住了，总会很快又遇见她。两天后，我又再一次遇见了她，不管你信不信。

这一次的遇见是天意还是巧合，我也说不清楚，但确确实实我见到她了，还和她有过对视和微笑。

那天是学校演讲大赛初赛的日子，我是第 3 组的 6 号，而她和我同组，并且在我前面。在同一个教室里，按顺序坐下，我在她的后面，轮到她上台演讲，她依旧是以不紧不慢的步子走上讲台，身上穿着一件白衬衫，显得她越发的干净朴素。让人看起来很舒服的她站在台上的魅力也是相当大的，我坐在下面就能感受到她身上散发出的那种优雅和聪颖，这种独特的魅力可以掌控全场。

几秒后，陈蕾以自信的声音开始了精彩的演讲，演讲途中收获了好几次掌声。我心里在想，陈蕾肯定可以入选的，她除了出色的演讲口才外，恰到好处的仪态、举止、风度更是她走向成功的助推器。她演讲完毕，下台的时候与我对视了一眼，纯净的眼里传递出鼓励的信号，脸上带着微笑，侧身让我走过，我回之一个微笑，从容地走上讲台。

那天过后，我就没有再碰见过她了，因为我被淘汰了，而陈蕾不出意外地入选，但我与她的交集并没有就此中断。过了三天，校报主编李艺老师叫我拿上次才艺表演拍摄的照片给她看，然后决定挑些照片放上校报。我将所拍摄的照片全放上电脑，一张一张地打开，当点击到陈蕾的照片时，我和李艺老师异口同声地说："这张可以。"接下来点击了好多张照片，全是陈蕾灵动身姿与清秀气质。

李艺老师指着陈蕾的照片对我说："这个姑娘，给我的印象很不错，虽然不是标致的人儿但看起来让我感觉很舒服和自在。多选几张她的照片放在校报上吧。"我听后连连点头表示赞同，心想陈蕾独特的美真是无法抵挡，充盈了她的每一张照片，这也许能成为她与别人第一次见面时介绍自己的名片。

某天，听社团里的成员说陈蕾昨晚在演讲大赛决赛中获得一等奖时，心里不禁为她开心，同时也赞叹一个人的良好素养会成为其走向成功的助推器。

最近一次提起陈蕾是把她作为我教学的例子，我在一所普通高中里当高一的语文老师，同时也是学校口才与演讲培训班唯一的老师。我在培训班的课堂上针对有些学生站在台上准备演讲前的举止、风度不够好，给人留下不好的第一印象而讲述有关陈蕾的故事。

在讲述完故事后，我认真地对林洁同学说："你之前问过我两个问题，一是给别人好的第一印象真的那么重要吗？二是那怎样才能留个好的第一印象给别人，现在你心中有答案了吗？"林洁站起来，有点犹豫，说："在一些表演和演讲之前要注意自己的仪态、言谈、举止，这样好比站在台上说一堆开场白。"

我听后，点了点头说："这样理解也是正确的，但是我想告诉你们的是无论在哪种场合，让自己衣着整洁、举止有礼成为习惯；即使你站在那不开口说话，都能树立自己的形象，也能给别人留下好的第一印象。"同学们听后，纷纷表示赞同。

我接着说："从一个人的外形能看得出来一个人的习惯，从一个人的习惯能看出一个人的品质。就如你站在台上，没有说话之前，用你恰当的举手投足、干净利落的外形、谦虚有礼的仪态等来展现个人的性格魅力和人格美丽，以一个美丽的姿态站在台上，可以帮助你给他人留下一个好的第一印象。换句话说，美丽就是一个人的开场白，这个美丽是大范围的，不单是外表上的美，更是体现在一个人的言行、举止、仪态、风度上。"

优雅让你赢得掌声

"滴滴滴滴……"一阵急促的来电铃声在房间里回荡着，我从睡梦中一下子惊醒过来。揉了揉眼睛，看了一眼闹钟，才刚刚 7 点。谁啊！这么早打电话！我心里一阵窝火，拿起手机没好气地"喂"了一声。"小林，我有个事要你去办。"一个低沉的男声传来，原来是我们部门主管。

想到我刚才说话的态度，心里有点发虚，讪讪地问了句："您找我有什么事啊？"刘主管平静地说："公司的米总今天回国，你去机场接一下她。然后回公司报到，算你加班一天。"天呐！我的内心简直是崩溃的！这可是周末，是我的假期！可是隔着电话都能感觉到主管那不容拒绝的口气，我也只好硬着头皮答应了。

"八点半，虹桥机场，别迟到了。"

挂了电话，我就一头扑进了被窝里——被窝又暖又香，真是像天堂一样的地方。我正沉醉其中的时候，突然想起来了主管的话。八点半！天啊！现在已经快七点半了！我赶紧从床上跳了下来，冲到卫生间里刷牙洗脸。洗漱完了，随便从衣柜里抓了一件衣服穿上了，用手扒拉了两下头发就匆匆出门了。

幸好遇到了一位经验丰富的出租车司机，抄了近道，避开了高峰车流才让我准时到了机场。出站口已经开始陆陆续续地有乘客出来了，我伸着脖子，在人群里寻找米总的身影。要说这个米总啊，可是我们公司的"女神"，属于那种人美又高智商的人！我在心里暗暗地忖度着：米总这次出差，又忙又赶，肯定没时间打扮，说不定还能看到她的素颜呢！嘿嘿……正在我的思绪浮想联翩的时候，米总出来了。

她扎着一个随意的马尾，穿着一件干净简单的白衬衫，衬衫上连一丝褶皱都没有。裸色的半身裙恰到好处地展现了她纤细的腰肢，黑色的高跟鞋又给她增添了一丝女人味儿。

看着她出来我赶紧迎了上去，这时才近距离的看清了她。皮肤很白，也很细腻。嘴唇擦了一层薄薄的豆沙色口红，整个人气色看起来特别好。眼睛亮亮的，目光很温柔，虽然能感觉得到她淡淡的黑眼圈，但是她并没有给我很疲倦的感觉。总之，给我一种很舒服、很优雅的感觉。

她很亲切地跟我打了招呼："你是小林吧！小刘跟我说

了。""是，您辛苦了吧！"我想到自己刚刚的想法有些不好意思地说。"我有份资料放在家里了，我们先去我家一趟再回公司吧！"她说话很轻柔，不急不慢，让人听起来特别享受。"恩啊，好的。"路线确定了以后，我们就打车去了她家。

一开门，就有一股若隐若现的香味儿传来，令人心旷神怡。米总笑着说："你自己随意一点，我去找一下资料。"我冲她微笑地点了点头，就环顾起四周来。客厅很干净，书柜上的书也都摆放得井井有条。她的品味真的很好，家具和摆设都是大方简洁的款式，整个色调很温暖素净。想起自己住的那个"狗窝"，什么都是乱糟糟的，真是羞死人了。

米总找完资料出来了，问道："吃点水果吧！我们家只有一个苹果和一个芒果了，你想吃哪个？"看着她热情的样子我也不好意思拒绝，想想自己每次吃芒果都把汁水弄得到处都是，实在是不忍直视，就选了苹果。

我拿着苹果就大口大口地啃了起来，米总却不慌不忙地拿出了一把小小的水果刀。我很好奇，难道把芒果切成块来吃吗？但是又不好意思问，就一边默默地啃着苹果，一边偷偷地看着她。

她先用水果刀在芒果皮的边缘上开一个口子，然后把那层皮轻轻地剥掉。然后，十分优雅地用一把小勺子开始舀着吃上面的果肉，我从来没见过能把芒果吃的这么清新脱俗的人。

不过，有一点我想不通，我好奇地问她："米总，那下面的肉怎么吃呢？"她笑了笑，眼睛弯成了两枚月牙。她缓缓地说："用勺子把侧面的果肉挖松，再用勺子一翻，就好了。"看着她一点点地把芒果吃完，动作优雅，无声无息。吃完后果皮完整，果核乖乖地包在了果皮里。这一整个过程不像是在吃东西，而像是一场艺术表演！

吃完了，我们就准备开车回公司，因为我还不会开车，所以就变成了米总开车带我了。没想到她车也开的很好，很平很稳。在一个十字路口等红灯的时候，我们闲聊了起来。

"您真的好厉害啊！这么年轻事业就这么成功。"我感慨地说。

她听了噗嗤一笑，说："我不年轻啦！我都快四十岁啦！"

"不会吧！"我瞪大了眼睛，"开玩笑吧！一点都看不出来啊！"

她哈哈大笑起来："你也太夸张了，我就是比同龄人看起来年轻一点啦！"

我们有说有笑，时间过得很快。绿灯了，我们准备发动。这时，一群学生嘻嘻哈哈地开始过马路。前面的司机开始狂按喇叭，呵斥他们，一踩油门就过去了，后面的车辆也紧紧地跟了上去。

车队很长快到我们时，又快变成红灯了。本来我们也可以开过去的，米总却把车停了下来，示意那群学生先过去。这一点让我印象深刻，也很感动。

晚上回家，我躺在床上回想今天一天，感慨颇多。米总真的是一个既优秀又优雅的人！她的优秀不用多说，优秀的人这世上有很多，但是她身上这份优雅却不是一般人所能拥有的。

她的优雅不仅体现在她得体的穿着打扮、独特大方的品味和文雅的行动举止上，更让我欣赏的是她内心的优雅。不争不抢，清风徐来；对待下级平易近人，对待陌生人也是充满爱心。优雅为她赢得了我心中的掌声，也赢得了客户的掌声。有这样优秀的上级，我还用担心什么呢？

从明天起，做一个优雅的人。优雅待人，为自己赢得掌声。

最棒的化妆品叫气质

大学了，我依然不懂怎样化妆，所以一直土里土气的。

我妈一直在给我灌输一种思想，尽管我不认为是对的，但我听进去了。这是个可怕的事实，我素面朝天，想要变得更加美丽却不敢在我妈面前嚣张。

于是，我想要改变我妈的传统思想，现在都什么时候了，不化妆的很少了，像我这样的都是国宝级的了，难道学生就该一本正经学习，越朴素越老土越好吗？

"妈，你看我皮肤！"我放下筷子，把脸凑过去给我妈看，"是不是很干燥，又黑又粗糙？"我一脸嫌弃地摸摸自己的脸。"瞎说！你现在正年轻，皮肤都是最好的，怎么粗糙了？"我妈看了一眼我，一脸了然。

"不要老想着化妆，你别看别人现在看起来很好，等老了就老得快，最好就不要化妆，那些什么化妆品都刺激皮肤，听妈的！"

我顿时无语了，有一个口才不错的老妈，我竟然无言以对，她说的好像很有道理。但我不能就这样被她洗脑，"可是，你闺女长得丑，不化妆就更丑了，你闺女就是全校最丑最土的一个了！"我豁出去了。

她默默地看了我一眼，好像在通过我的眼在判断我说话的真实性。"妈，长得不好看的都找不到男朋友。"我故作深沉地说。我妈一听，这可颠覆她传统价值观了！"你以为找男朋友是看脸吗？长得好看有什么用，能做事吗？性格好吗？""那照你说的，怎样找男朋友咯？""看气质和性格！"我妈放下碗筷走了，留我在桌上思考人生。我撑着头，主要看气质？

那天，我和闺蜜去逛街，碰巧遇到了几个高中同学，她们变化挺大的；想起以前丑小鸭似的我们站在一起拍毕业照，现在她们都蜕变成白天鹅了，整天在朋友圈里发自拍照，果然女大十八变啊，变成熟了不少。我们简单地打个招呼，寒暄了几句。

直到她们走远了，一直不吭声的闺蜜突然对我说："刚刚那个是你同学吗？怎么看起来那么老？"我一口奶茶快要喷出来了，我哭笑不得，"怎么显老了？我觉得还不错啊，你什么眼光？"

闺蜜嗤之以鼻："你什么眼光，那也叫好看吗？浓妆艳抹的，还不如淡妆好看呢？"

"对对对，你淡妆，你素颜，你天生丽质，你最好看！"
我调侃道。

"现在的人啊，年纪大的装嫩，正青春却把自己搞成与年
纪不符的成熟，我觉得还是自然点好。"

我猛点头："说的有道理！"闺蜜突然想起了什么似的，
转头问我："对了，我觉得你上次跟我介绍认识的那个同学就
长得挺好看的。"

我茫然了，说："你说谁？婉婉吗？就是上次在书店遇到
的那个？"见闺蜜点着头，我也瞬间想起婉婉的相貌，柔顺的
长发披肩，一直安安静静的女孩子，淡淡的笑容，见谁都是一
副恬淡的样子。好像除了安静，我找不到其他更适合她的形容
词。

"可是，我觉得，她也还好吧。我觉得小燕那种类型就挺
好看的，白富美呀！"

"肤浅！"闺蜜翻着白眼，"婉婉那种是气质型美女，懂
不懂？反正我就觉得婉婉很有气质，蛮好看的！"

"哟哟哟，你就见了一面，你还看出人家有气质了？"见
我不以为然，闺蜜摆摆手，不愿意和我多说了。

可能是受了闺蜜的影响，也许是种心理暗示，也许婉婉确
实有魅力，再次见到婉婉的时候，她依旧恬静地对我笑着，我

突然发现她的牙齿很白很齐。我发现她和小燕真的不一样，她确实有种气质，很舒服，很美。

"诶，你也要去图书馆吗？"她主动跟我打招呼，"刚好我也要去呢！""嘿嘿，是呀，一起吧！"我一直是风风火火地走着路，今天和她同行的时候，我配合着她的步伐，我才知道我以前是多么女汉子。

一路上，她跟我谈话的内容都是外国文学史上某部作品的内容，作为一个听客，我发挥到极致，一句话都插不上，因为我没看过她所说的作品。但是她口才很好，所有故事娓娓道来，我都有兴趣去看看原文本了。

图书馆人很多，自习室差不多坐满了，我们找了个位置坐下；我坐在她对面，发现她把手机调成了静音，我刚想张嘴说些什么，发现她快速地拿出书一秒进入状态，完全不管对面的我是熟人还是陌生人。我自讨没趣地也拿出自己的作业做。没过一会儿，我就坐不下去了，我掏出手机刷刷微信、微博，看看有没有我的消息，然而并没有。

我抬头看她，她一直沉浸在自己的世界里。我突然发现她手机亮了，便说："嘿，婉婉，你手机好像有电话。""嗯？"她轻声答应着，茫然地抬头看着我，我努努嘴指了指她手机，她才意识到电话响了。她看了眼屏幕，并没有着急接通，而是起身小步快速走到自习室外。看着她离去的身影，我回头看了看，后面不远处有一个穿着讲究、打扮靓丽的女生正打着电话。

她大概是有事需要离开，我没有多问什么，也就跟着她一起离开图书馆了。说来也巧，如果不是一天的相处，我不会发现原来一个人的气质可以改变一个人的相貌。坐校车回寝室的时候，有一位同学没有带钱也没有带卡，这时婉婉主动帮她付了车费，我想那个人回头向婉婉道谢的时候，一定会发现，这个女子的微笑原来也可以这么美。

回去的路上，我忍不住想要赞美她："我发现你人真的好好。"这是由衷的感受。她无声地把一缕头发挽到耳后，略带羞涩地笑着："呵呵，还好啦，你人也很好啊！"我傻笑着，一阵沉默之后，我冷不丁地问她："对了，我发现你平时好像都没怎么化妆，你化妆吗？"

"嗯，我觉得还是淡妆比较好，跟你一样，你说呢？"

"嗯嗯，因为你天生丽质呀，我闺蜜都说你是气质型美女呢！"

"是吗？我闺蜜也是说你是阳光型美女呢！"听了惊喜不是一般大，一直追问她说的是真是假，我宁愿相信这是真的，因为我终于懂得：善良乐观的心态和充满智慧的头脑，这一切都比外在的美丽更加重要。

人的青春总会逝去，那个时候，再美的容颜也会老去，无论什么化妆品都无法使我们魅力永久。唯有内在的修养，时间越久，越弥足珍贵。

气质，是一碗烈酒，没有时间、知识的沉淀，不会香醇；它更是一缕清香，去除化妆品、香水的浓香后，剩下的沁人心脾的天然。美人最怕迟暮，但事实上，我们更要懂得，时间流逝，为什么不把外在的浮华换成内在的气质呢？铅华淡淡装成，最棒的化妆品，永远是气质。

爱自己，才能爱别人

从小到大我就是妈妈们口中的别人家的孩子，无论是小学、初中还是高中我都在很努力的考上重点学校；因为我知道只有自己努力才能改变命运，才能成为父母的骄傲，为他们带来好的生活。

不出意料地考上心仪的大学后我幸运地遇到了那个我心仪的他——乔。乔是计算机系出了名的大神，好多女生都借着电脑坏了找乔帮忙的理由接近他，但是乔对她们从来都是客气而疏离的。我感恩上帝让我遇见他，更是让他成为我的男朋友。

为了成为乔眼中最美好的女孩子，我偷偷剪掉了一直以来的长发，开始穿着并不适合我的白裙子和磨脚的高跟鞋。虽然辛苦，但是心里却是甜的。

毕业后我们俩都一起顺利地进入了 XX 公司，在连续加班一周后终于提前下班了。看着我们俩这个温馨的小窝心里一下子变得暖起来。

乔是一个善良温柔的男孩子，只要是朋友有事情他都会不遗余力地帮忙，当初我就是被他这一点所吸引，我相信他就是那个能够和我相伴一生的人。虽然我们两个人的工资并不高，但我始终相信平平淡淡才是真，最大的梦想就是在这座城市里扎下根，按揭买下一座小房子。为了节约生活费，平时我都不敢买太贵的菜，就算是日常用品也会等到超市打折再去抢购。不过晚上，我精心准备了乔最爱吃的几道菜，静静地等待着乔回家，准备给他一个惊喜。

楼道里传来熟悉的脚步声，接着是哗啦啦的钥匙开门的声音，乔回来了。我兴奋地跑过去抱住他，却隐隐闻到了淡淡的女士香水味，应该只是乔旁边格子间的女同事身上的吧，便不疑其他。我和乔都有睡前刷微博的习惯，从前他看到什么好笑或有趣的段子都会和我分享，最近他似乎都是背对着我在玩手机，床头的灯亮得刺眼，似乎看到他在和一个女生头像的微信好友聊天。想到那淡淡的香水味后，我心里渐渐有了危机感。

第二天正好我轮休，乔去上班了后我就起床开始打扫卫生。我像往常一样先来到洗衣房，将乔衣服口袋的东西都一件件掏出来，突然发现，衣筐最底下的那件白色衬衫背后的领子上赫然印着深深的口红印。心仿佛一下子掉进了万丈深渊，任凭冰冷入骨的湖水侵蚀，下一秒眼泪就不自觉地落下来，死死握着手中这件衬衫，而后狠狠地将这刺眼的口红印擦掉。身体终于支撑不住瘫软下来，靠着背后的洗衣机仿佛过了一个世纪。

乔是我的初恋，也是我想要相伴一生的人，一直以来我们都是别人眼中的模范情侣。我爱他，我不相信乔会喜欢上别人，不不不，不会的，就算有，他也只是和别人玩玩而已，他爱的人一定只有我一个，是的，就是这样。我们从大学开始在一起七年了，没有人能够超越我们之间的感情。

想明白了这一点后，我迅速擦干净了脸上的眼泪，我不能哭。这是我们两个共同的家，无论发生什么事他都还是会回来的，我要装作不知道，是的，我什么都不知道。

收拾好心情之后我还是回到公司继续上班，午休时我和乔一起在公司对面新开的餐厅吃饭，乔细心地帮我把菜里的胡萝卜挑出来，"乔还是爱我的。"心里默默地这样想着。"叮咚"的一声响，似乎是收到了一条微信，随意的点开来，发现只有一张亲密的情侣合照，可那照片上的人分明是眼前的乔，而这个依偎在他怀里的女人却不是我。一直以为这样的事情只会出现在电视剧中，压抑着内心的苦楚，为了这么多年的感情，我还是决定装傻到底。乔察觉到了我的异样，小心翼翼地问我怎么了，我抬起头微微地笑了一下，"没什么，就是通知下午要开会而已。"说完放开了死死掐住虎穴的手。

回到公司后，我独自一人来到洗手间，本来是想要调整自己的心情，却被尾随而来的人刺耳的笑声惊吓到了。转头，眼前这个妩媚而妖娆的女人对我露出鄙夷的眼神，脑海中一下子就闪现出那张合影，只听见她用轻蔑的语气说道："乔已经不爱你了，我劝你还是有点自知之明，早点离开乔吧"。

"这是我和乔的事，不需要你管！""你看看你自己那副样子，衣服都是些廉价的地摊货，头发估计都好几个月没打理了吧，要身材没身材，要长相没长相。跟我比，你觉得像你这种黄脸婆有胜算吗？""我们七年的感情不是你想破坏就破坏得了的！"冷静的回应之后不想再与她多做纠缠，身后悠悠的传来一句话："那你等着瞧！"

下午的会议是由我负责主持的新产品市场调查报告，公司的高层们都很重视，为此我已经熬了好几个通宵。大家都到齐之后，我意外地发现总经理竟然把那个女人也带了进来，原来，她就是总经理的女儿。迅速镇定下来以后，我将资料发给大家人手一份，打开幻灯机。下面突然一阵喧闹，总经理直接站起来将资料摔在桌子上离开了，反应过来的我拿起资料才发现有人调包了，大家陆陆续续离开之后，会议室里只剩下我和她两个人。空气中压抑着一场暴风雨，氤氲成了一种微妙的气氛，僵硬的喝下一口水想要压制住喷薄的愤怒，手中的水杯还未放下，她竟然迅速将自己泼了一脸水，尖叫声引来了刚走不远的同事们，当然，还有乔。

　　拿着水杯的手开始颤抖，她却先哭了起来，乔第一个冲进来，风一般的掠过我去她的身旁，慌乱的我不停解释着："乔，你相信我，这不是我做的，不是的。"乔的冷漠让我害怕："不是你还能是谁，你看看自己，再看看她，你要我怎么相信你。"我知道，再多的解释都没有用了，看着乔将她拥着走出去的身影，看着她回头露出的笑容，我明白了那句"等着瞧"的意思。

　　我和乔分手了。我想不通，我们七年的感情怎么会这么轻易地分开，一个人待在这个空荡荡的房子里。25 年以来我都有着别人所羡慕的一切，我拥有着所有的一切，却又一夜坍塌。

　　妈妈赶到公寓的时候，我并不知道这个样子我已经过了几天，妈妈什么也没问，什么也没说，只是让我赶紧去洗漱便径直去厨房做饭去了。我浑浑噩噩地走到洗漱台前，猛的一抬头就被镜子里的这个女人吓到了。这还是我吗？不修边幅的邋遢鬼、身材走样的黄脸婆，为了一毛钱在菜市场和大妈们吵半个小时。和乔在一起之后，我似乎变了，每天只想着省钱买房，把这当作我们共同的梦想，可是在乔心里，恐怕这是我一个人的梦想吧。

当那些女同事们和男友在逛街美甲看电影的时候，我却只会和乔说着这个月的水费、电费、网费、生活费又涨了多少，曾经那个率性活泼喜欢浪漫的我消失了。想到这些，我再次痛哭起来。妈妈闻声后着急之下打破了碗碟，不顾割伤的手过来安慰我："女儿啊，爱情不是生活的全部，错过了这个说明你值得拥有更好的。"妈妈轻轻地擦拭着我的眼泪，"爱情虽说是两个人的，但我们是先有了'我'，才能有'我们'，女儿，只有爱自己，才能爱别人啊。"

细细的思索着妈妈的话，好像和乔在一起之后，我似乎渐渐失去了自我，每天只想着他爱吃什么、爱做什么、想去哪里、喜欢什么东西，要不然就是怎么省钱、如何赚外快。我自己呢，去了哪里？还有妈妈，我有多久没有关心过她了，失去了爱情，我并是一无所有啊，亲情还有友情更是人生中不可缺少的部分。看着镜子里这个糟糕的自己，眼神坚定起来，我要成为更好的自己，好好爱自己，珍惜自己的朋友和家人。

各大公司的交流会上，她挽着乔出现在我面前，故作姿态地炫耀着，然而我只是礼貌地微微一笑。离开了乔之后，我全身心地投入回到自我上。

我重新找到了一个新的工作，做人谦虚诚恳，做事认真努力，老板对我十分照顾，给我升了职；空闲时间，我报名参加普拉提，身材恢复纤细；每天晚上都听录音认真地练习英语口语。不仅如此，我还给自己定了一个规定，每周都要看一部电影，阅读一本好书。这样忙碌而充实的日子让我仿佛回到了大学时光，美好而舒适。

看着乔眼中的惊艳与后悔，我知道我的选择是对的。只有爱自己，才能爱别人，我还是我，只是变得更美好。

做个长跑女人

大学毕业我就留在了北方，想要自己打拼出一番天地，可现实总让人无奈：跟我一起应聘的不是学历比我优异就是工作经验比我丰富，理想的工作把我挤在门外；大学里就不太活跃的我交际平平，熟悉的朋友也都各奔前程；长得不是特别漂亮，身后也没有强大的家财依靠。孤身一人在外地的我深刻体会到自己的不足。

我工作的第一家公司不大，薪水不高，职位也很低，但也足以让我高兴了。就像自己养活自己的我被这个城市认可了一样，同事们也都与人和善，我也很快适应了，带着兴奋与热情，我开始我的新生活。

还有同学间的消息传来的，谁谁进了知名外企，谁谁去了国外进修，又有谁谁直接继承家业。熟悉的名字一个个响在耳边，却离我越来越远。说没有失落是假的，但好好睡一觉后又是新的一天，为朋友们祝福，为家人祝福，我也要继续努力好好让自己过得更好才行。

做完一天的工作，同事们都下班忙着谈恋爱、逛街，或是看孩子。她们的生活朝夕如此，一成不变，愈加让我心里的想法深入：我可以忍受平淡，但不能忍受乏味。我还年轻，有活力，有奋斗的资本，我要努力让自己过得更好，不能让这颗热情燃烧的心这么轻易熄灭！

这家公司虽然小，也有些年头了。闲暇的时候我会学习，虚心向前辈请教不懂的地方，多看看书，多干些活。每天充实自己，我感觉到自己在进步。积累了必备的工作经验后，我辞职了。那天老板把我叫到他的办公室，问我工作态度一直没问题，为什么要突然辞职。我有礼貌地笑了笑："我想要不一样的生活。"知道我志不在此，老板也就没有再挽留。他还说他有个年纪与我差不多大的女儿，每天却只会逛街打扮，让他很是操心。我们聊了很多，都是些闲话家常，最后他告诉我："人生很长，会慢跑的人才是最可怕的。"

是啊，人生是一场长途赛跑，没有到终点，谁都不能轻易断定输赢。那些冲刺在最前面让你望尘莫及的人往往不一定是能笑到最后的人，像这样的例子太多，多到只要你不放弃就能超越所谓的天才。现在的我普普通通，淹没在人群中，谁又能断定我以后的人生也会如此呢？

整装待发的我重新踏进了求职大军。和第一次茫然的我不一样，现在的我有了清晰的目标，有了面对未来的勇气，也有了开始长跑的毅力。

第二家公司比第一家大，待遇也要好很多，但大公司为了利益勾心斗角也很多。跟我一起进公司的是个很漂亮的女孩，叫小林。后来从同事们的风言风语中得知，小林是走后门进来的，因为家里的关系够硬。

新人在职场上态度要放低。毕竟有过工作经历，我的心要宽得多，再加上我不是他们的嫉妒对象，这样看来，小林就要比我辛苦得多了。但我对她实在没好感，在教了她第四次做报表后，我还没不耐烦她倒先埋怨起来："哎呀好难啊我不做了！都要错过约会时间了！快下班了我先走了啊！"看着她踩着高跟鞋离开的背影，我又回到办公桌耐心把策划书做完美。我有种预感：她虽然还跑在我前面，但我已经快要超过她了。

后来她的工作出了问题经常挨批，而我却是和她相反的例子，她就整天对我一副爱理不理的样子，我也没在意。

那次有个重要的日本客户突然到访，想亲自了解商业状况。但随行的翻译却因水土不服吃坏了肚子。其实是客户早来了两个月，而且来通知时人已经到了。当时我们正转攻国内市场，这边准备的翻译全体产假中，最早的还有一个月才结束。最重要的问题是如果这次客户不满意选择解约，我们公司会有很大损失，费心策划的新项目也难以开展。老板召开紧急会议，因为大学选修过日语课，我被选出来顶替翻译。

长跑比起短跑有一个很明显的优点，那就是路上会发生各种突如其来的意外，会长跑的人因为准备充分，也不会慌得手足无措或是摔得狼狈不堪。可以说是碰巧，也可以说是幸运，慢慢充实自己的我没有扔掉以前学的东西反而作为爱好好好培养。我抓住了这次机会，一路上跟客户从商业聊到文学，利用平时所积累的投其所好，很轻易拿了个漂亮的分数。那次客户很满意，结果老板很满意，而满意的后果就是我升了职。

虽然升职部门经理，但我的工作态度没有太大转变，没有急功近利，更没有懈怠不稳。有一次我也在洗手间里听到小林冒着酸气的发言："哼！她有什么了不起，不过是靠运气！"看，当初跑在我前面的她已经被我超越了，运气也是一种实力，运筹帷幄从来都只是因为强者的有备无患。如今我也成为受人嫉妒的人，这种能力被变相肯定的感觉让我很开心，但我却不会停下长跑的步伐。

在岗位上工作了几年，一次下午茶的时候朋友问我："你已经跑这么久了，为什么不快跑冲一冲呢？"我帮她倒了一杯茶，循着茶香轻轻抬头看着她，笑着说："长跑切忌急躁，再说冲累了就想歇着，歇着歇着心里的火就熄了，不值得。"她似有所悟地点点头，继续聊天得知当年进入外企风光无限的校花如今已经转职为家庭主妇，继承家业的富二代依旧坐吃山空慢慢沦为平庸，心下有些感慨，更多的是为自己从未停下感到欣慰。

虽然跑得很慢，但旁人和自己都能清晰感受到自身的完善。我在不断地变完美，年少时期梦里的自己也越来越近。做个长跑女人，是我最大的幸福。

第二章

独立自强是人生必经的成长

自己挣的面包更美味

28 岁那年，一起六年的男朋友肖磊突然消失了，带着这些年攒下来的买房钱以及我父母给我的十万块钱莫名其妙地不见了。看着空荡荡的房间以及空空的衣柜，我感到莫名的绝望。我实在无法把那样一个谦谦君子和一个背信弃义的男人形象联系起来，毕竟我们在一起六年了啊！

从 22 岁那年我就跟了他，这些年风里雨里，不管遭遇任何挫折我们都挺过来了，在他最落魄的时候我都在他身边不离不弃，我始终坚信这个男人会给我带来幸福。我以为这些年我已经足够了解他的为人了，不曾想在我们快要结婚的时候他弃我而去了。

在失去他音讯的这些天里，我整晚失眠，头发开始大把大把的掉，我一直都处在精神恍惚的状态。开始的几天里，我疯了似的 24 小时不间断地给他打电话，即使电话里提示关机或来电提醒的消息时我也没有停过，一直打到手机关机，我充上电又开始打，累了就睡会儿，起来了又接着打。我不知道自己究竟打了多久，只知道直到最后自己像疯了一样将手机摔在地上发不出声音，我才停止了这个疯狂的行为。

我始终想不明白和我一起同甘共苦六年的男人怎么说离开就离开了，没有任何缘由。我还记得当初我们在一起的快乐时光，那么甜蜜，他说让我把自己放心地交给他；女人不要整天在外面抛头露面，他一个男人有责任和义务养我，他不想让我那么辛苦，我承认我当时确实是感动得稀里哗啦，我以为这个男人会一辈子在我身边为我遮风避雨的，只是没想到物是人非，他残忍地离开了我，还带走了我父母积攒多年的血汗钱。本来我们准备明年就结婚的，可是突然间人财两空了，我恨他，怨他，恨不得杀了他。

我把自己与外面的世界隔绝开来，整日躺在床上不吃不喝流眼泪，自怨自艾。直到有一天妹妹急匆匆赶来告诉我，我爸因为肖磊离开的消息而气得中风时，我才从悲伤中醒过来，和我妹一起慌忙地赶往医院。

赶到的时候看到妈焦灼的在走道里走动，爸被推进了手术室，看到我来了妈抱着我眼泪直掉："诺诺，你爸要是走了可怎么办啊！我也不想活了！"我强忍住眼泪安慰妈："放心吧！

爸不会有事的，现在医学那么发达，爸一定会治好的！"后来爸做完了手术又被推进了重症监护室，手术很成功，我们所有人都松了一口气。我安顿好妈和妹妹又去办住院手续，等所有的手续都办好了已经是半夜。

我筋疲力尽地回到家里，躺在床上呼呼大睡。第二天醒来时，我感到前所未有的饿，冰箱里空空如也，家里除了水，什么都没有了。我虚弱地站起身来，拉开厚厚的窗帘，打开了窗户，阳光瞬间充斥了整个屋子，一股温暖的气息扑面而来，洒在我病态苍白的肌肤上。我吮吸着这新鲜的空气，一瞬间觉得自己宛如重生一般，那一刻，我终于想明白了，我不能再生活在黑暗中了；即使再伤心，再难过，生活也还是要继续，我还得赚钱支付爸昂贵的医药费并养活自己。

想起以前的自己，太依赖肖磊了，我从来不知道赚钱的重要性。以前轻信了他的话，我做着轻松的文秘工作，每天打扮得光鲜亮丽，与朋友们一起过着奢侈的生活。我心安理得地花着肖磊挣的钱，日子过得滋润而快活，而现在我不能也没有能力去过那样的生活，爸后续的治疗费我还得去挣。

眼下，我最重要的事情就是挣钱了。

我回到公司请求经理把我调去工资最高的销售部，底薪虽然不高，但是提成高而且上不封顶，只要能力强肯努力，一个月一两万也是能赚到的。

我从来没有做过销售，为了提高业务量，我没日没夜地打电话，找客户。早上人家刚到公司我就已经在去拜访客户的路上了，晚上别人下班，我却还在挑灯夜战，给客户做着许多的附加设计和修改。

可是即使是这样，我的工作还是很难做下去，老客户都有自己的固定业务员，别人打100个电话我打200个电话，开拓新业务还是没有想象中的那么容易。为了赚钱，我放弃了自己的面子，整天死缠烂打地缠着客户，有时候遇到脾气不好的客户我也依旧陪着笑脸，我的心中只有一个信念，那就是赚钱。

但累死累活一个月，月底的工资竟然却还是和以前的工资差不多。交了房租水电费，所剩无几，医院也经常催我交爸的治疗费，我大受打击，心灰意冷。我坐在房间的地上想了一晚上，我清楚生活还远没有把我逼到绝望的地步，我现在所遭受的一切都是我未来的人生中一笔宝贵的财富。

为了把爸住院的费用节约出来，我只能搬回家住，家里离公司很远，我每天只能天不亮就起床，与一大群人在炎热的夏天挤着混杂着汗味与脚臭味的公交和地铁。

不仅如此，以前不懂得沟通技巧的我为了学到更多与客户沟通的技巧，每天都会为公司里业务最好的霞姐整理桌子，泡好咖啡，虽然她一直都以高冷的姿态面对我，我却依旧心甘情愿地做着这些事。我还时常偷偷地注意她与客户聊天时的表情与动作，观察她如何在一颦一笑之间就架起与客户之间的信任。

皇天不负有心人，可能是我的努力把老天爷感动了吧，也可能是我打的 200 通电话起到了作用，我的业务终于开始有了起色。而霞姐也终于在我冒雨给她买痛经药之后被我感动，在下班的时候让我跟她一起去吃饭。从那之后，我跟着霞姐学习，业务能力迅速提高，一跃成为公司的一匹黑马。

月底的时候，我拿到了 8000 元的工资，望着银行卡里面的数字，那一刻我喜极而泣。而这一个月，爸的身体逐渐好转，终于能出院了。我还清了欠医院的几千块钱，办完出院手续，我扶着爸，妹妹扶着妈，我们四个人走出医院的大门。阳光耀眼，光辉洒向大地，那一刻，幸福感充满了我的身体。爸妈知道我的辛苦，也知道肖磊带给我的伤害，在我面前绝口不提他的名字，他们小心翼翼地维护着我的自尊心，保护着我，让我没有后顾之忧。

后来，我又陆续把朋友给爸治病的钱给还上了，没有债务的我感觉悬在心上的一块石头终于落地了。之后为了让父母和妹妹有一个更好的生活，我更加努力地工作。每天就像打了鸡血一样，所有的心思都放在工作上，我拼命想办法拓展业务，成了公司有名的拼命三娘。

我现在的工资是从前的三倍，然而想在我 30 岁之前买房却仍有一段很长的路要走。任务还是十分的艰巨，我原本不是女强人，在生活的压力下，不得不变成女强人。

我每天喝五杯咖啡，把自己当机器使用，每当累得不行的时候，我就想想父母、想想上大学的妹妹、想想肖磊带给我的伤害，我就能坚持下去。

我的专业是中文，和客户聊天的时候，有的人会让我帮忙写策划、活动报道等，我都一一答应，一来二去，客户让我帮忙的次数多了，就会给我钱，这样我又多了一个赚钱的渠道。可是这样，我就更忙了，经常顾不上吃饭喝水。以前肖磊还在的时候我不愁吃不愁穿，经常逛淘宝，聊天，去各种朋友聚会，从来不知道赚钱的辛苦，也从来不把自己的工作当回事，迟到早退也是常有的事；那时候不懂工作是养活自己的工具，现在我终于懂得了。

　　我已经记不清自己有多久没有逛过淘宝，多久没有买过一件衣服了，我身上穿的还是几年前买的职业装。然而我并不觉得可惜，我也没有时间感到可惜。

　　高强度的工作终于使我病倒，当我发着高烧被送进医院时，我看到爸妈泪眼朦胧的眼睛，也看到了他们鬓角的白发。什么时候开始，他们已经这么老了呢？这更加坚定了我要让他们过上好日子的决心，我强忍着病痛，一边打点滴一边抱着电脑工作。妈妈摸着我瘦得变了形的脸说："好孩子，妈知道你为我们好，可是不能累坏了自己的身子啊！快休息一会儿好不好？"望着妈近乎乞求的眼神，我终于妥协了。我躺在妈妈的怀里睡了过去，那是我这些日子睡得最好的一晚。

　　两年后我在这个大城市中，按揭了一套大阳台，洒满阳光的属于自己的房子。当我把钥匙交到爸妈的手上时，我看到他们老泪纵横，当天我请搬家公司把东西搬到了新房子里，我让父母睡在最好的房间里面，并给了他们一大笔钱。我希望在他们不太老的时候能够享受到从前没有享受过的，能买上想买的东西。

　　站在大阳台上，阳光肆无忌惮地洒在我的脸上。那一刻，我终于释怀了，我不恨肖磊了，是他让我明白生活本来的意义，是他让我明白当一个人努力起来，所有的事情会慢慢朝着好的方向发展，即便这个过程可能会很漫长，但至少这一天还是到来了。我完成了自己对父母的承诺，我也不用靠男人来给自己与父母更好的生活了。

我终于明白，一个女人不要总想着依靠男人，无论你是贫穷或是富有，你一定要学会独立，不要依赖任何人，只有独立的女人才能够掌握自己的生活。只有自己挣钱你才能知道生活的辛苦，你才能体会到面包的香甜，你才会发现这个世界上还有你发现不了的风景。

撒娇女人不好命

最近和朋友一起去逛街，看到一个娇小可爱的女生挽着她男朋友，娇滴滴地说："不准走，你说好了今天陪我买衣服的，你要是敢走，我就再也不理你了。"她男朋友一脸无奈和宠溺地说"好，我不走。"女孩笑着说："你真好！"朋友感叹着问我："你说我们是不是都老了？年轻多好！""都是当妈的人了，还想着自己才十七八岁呢！"她笑了笑没说话。

逛累了，和朋友在咖啡馆里聊天，聊着聊着，她突然问我："你说是不是会撒娇的女人更讨人喜欢？"我没有直接回答，我说："你老公对你好吗？""好呀！""你现在过得幸福吗？""很幸福，可这和我问你的有什么关系？"她不解地看着我说，我没回她，接着问："你是一个会撒娇的女人吗？"朋友听到这个问题愣了愣才说："不是，你知道我……"她的话没说完，不过我知道她要说什么。

我和她是大学认识的，她是我们学校艺术社的社长，我因为去借她们的舞蹈教室，和她有了交集，慢慢熟络起来，后来就成了好朋友 。我也是相处之后才了解她，她看着娇弱美丽，但却是个不折不扣地女汉子，要强倔强，比我见过的一些男生还有气概，什么事她都能自己做好。我们有时候聊天，我就开玩笑说："不知道以后你男朋友是什么样，不过最低也得像孙猴子那样有三头六臂，才能降得住你。"她听了追着打我。

回忆到这，我打量着她笑着说："确实不是，你撒娇的样子，打死我都想象不出来。"她倒没有像平时一样跟我吵闹，而是很认真地问我："你说当年是不是我性格太要强，不服软，他才会和我分手的，我要是性子温和一点，我们是不是又是另外一种结果。"我看着她的眼睛说："不会，因为他不是你的那个人。"

朋友说的那个"他"是她大学时的初恋，当她带着他到我面前，说："这是我男朋友。"我当时就傻了，我只是出去实习两个星期，她怎么就有了男朋友，还是一个文质彬彬的帅哥，和她的性格不符呀！不管我的内心有多难以置信，但他们成了情侣，这是全校都知道的事实，才子佳人的组合，要不要这么美好，虐死"单身狗"的节奏呀！恋爱后的她，也经历了一段甜蜜的爱情生活，虽然性子还是很汉子，但说起男朋友时嘴角的甜蜜，挡都挡不住，看着她如此幸福，我也在考虑是不是也找个男朋友。

可惜好景不长，有天，她突然来找我，抱着我哭起来，我以为她出了什么事急忙着问她："你别哭，怎么了？你告诉我。""我跟他分手了，他和别的女生在一起了。"我一时难以接受，昨天我们一起吃饭，她还说后天两个人要一起去爬山，怎么今天突然就分手了呢？等她心情好了点，我问她：" 昨天不是还好好的吗？怎么今天就变成了这样，是不是有什么误会？"

她声音略带哽咽地说："没有误会，我今天在宿舍楼下看到他和别的女生卿卿我我，我上去问他，他说他受够我了，说他喜欢娇小、可爱、会撒娇的女生，而不是我这种女汉子型的。我当时就恼了，抬手就给了他一巴掌，我不是故意的，只是太生气，没控制住，他很生气，就说要和我分手，以后再也不见。"

我听她说完就怒了，握着她的手说"这种渣男分了就分，为他伤心流泪不值得，我们这么好的姑娘还愁没人要吗？"她当时就笑了。

我看着坐在对面的她，说："还记得当年你和他分手后，大学期间再没谈过男朋友，我为此担心不已，生怕你孤独终老，一找到机会就帮你介绍男朋友，可你一个也没看中。直到有天你带来一个男人，说你们要结婚了，我又怕你被伤害，暗地里找他，问他是否了解你，是否知道你是个女汉子，要强且独立，他笑着说，知道，而且非常欣赏和喜欢你这一点。这一刻我知道他是你生命中的那个人，后来，你们也过得很幸福。"

朋友笑着说："是的，我们刚认识他就懂得我，好像原来就认识一样，相处起来没有丝毫不自在，不过我不知道你还曾审问过他。"朋友一脸的幸福。我没告诉她，她大学时的初恋跟那个在宿舍楼下会撒娇的女生结婚了，但那个女生过得并不好。

她毕业后就嫁给了他，没有工作，在家里相夫教子，他出去工作。但工作并不顺利，心理压力很大，每天回家还要面对撒娇的妻子，以前的可爱现在在他眼中变成了无理取闹。他很快有了外遇，她得知后不断地和他争吵，他为了躲开她，成宿地不回家，最后，她闹到了他公司，弄得人尽皆知，他忍无可忍和她离了婚，这就是他们的故事。

女人过得好不好，其实是自己的修炼，把所有的幸福和希望托付给一个男人，只是一种理想，又怎么能抵挡住现实的风浪？

你的第一任务是独立

活了四十年，我发现我前面的那些日子算是白活了。当我那出轨的老公拿着离婚协议书让我签字的时候，我完全傻眼了。我期望从他眼中看出哪怕是一点点的留恋与不舍，然而我看到的是一脸的淡漠与厌恶。做了十几年的夫妻，我们竟走到了如此的境地，我真不甘心。

"把字签了，我们就都解脱了。好歹十几年的夫妻，我知道你是个什么样的人，我给你留了一大笔钱，够你花了吧！房子我也不要了，只要和我离婚就行！"我安静地听着他把这些话说完，抬头看了他一眼，眼神犀利，薄唇轻抿，天生的薄情相。虽然我那么爱他，但是仅剩的自尊让我狠狠地瞪着他。

"钱我不要，房子给我就行，佳佳得归我。"我咬牙说完了这几个字。"不是我不想把孩子给你，只是你养得起她吗？高中的学费你负担得起吗？你整天什么事情都不做，没有工作靠我养家，以后你养活自己还是个问题吧！"他讥讽地对我说。

他的一句话像一盆凉水，把我泼得七荤八素的。我现在的确没有能力养活佳佳，我的女儿。在过去的十几年，没有工作，结婚后，我被这个男人的甜言蜜语哄骗，放弃了很好的工作机会，一心在家做我的家庭主妇。我承认我是个没有主见的女人，我以为这个男人会养我一辈子，我以为他会永远在我身边，而现在的结果是我没有想到的。

可是现在，我就只有我的女儿了，我不可能把佳佳让给他的。"佳佳我会自己养的，你就别操心了，答应我我就在离婚协议上签字。"他好像笃定我以后没能力养活佳佳会给他送回去一样，他很爽快的就答应了。

签字之后，他头也没回的就离开了这个家，我感觉自己被赤裸裸地侮辱了，泪水再也忍不住决堤般流出来。那一天，我哭得天昏地暗，不仅为我那死去的爱情，还为我这空白的十几年生活。直到这一刻我才领悟到，要想在男人面前挺起胸膛，你首先必须得独立，有自己的工作，自己赚钱，这样才不会被看轻。

那一天之后，我幡然醒悟。

为了养活自己和女儿，我开始四处找工作，人到中年，又有十几年的工作空白，没有一家公司肯要我。我当时的心情非常崩溃，回到家就躺在床上失声痛哭。

　　佳佳很乖，尽管我和他爸离婚了，她却没有抱怨我们一句。她总是在我身边鼓励我，说："妈，你别难过了，爸不要我们了，我还在你身边啊！等我考上大学，将来赚钱了，我养你啊！"每次听到这些话，我都觉得很欣慰，说："佳佳，你放心，妈妈一定会努力找工作养活你的，只是你要记住，以后不论是结婚还是生孩子，都不要忘了，做一个独立的人，一定要让自己的经济独立。这样的话，不管遭遇任何事，都没有人敢看轻你，你懂吗？"佳佳点了点头，我知道她会懂的，她从来都是这么聪明懂事。

　　后来，我在一家保险公司找到了一份卖保险的工作，底薪不高，但提成很不错，我希望自己能卖很多单，这样我才能负担我和佳佳的生活。但是卖保险远远没有我想象中的那么简单，我是个新人，没有固定的客户，对卖保险没有任何经验；更要命的是，十几年没有和社会上的人打交道，我完全不知道要怎样把保险推销出去。

　　四十多年来，第一次感到这么孤立无援，好在我有一群关系不错的同事。她们很多人和我年纪差不多，知道了我的不幸遭遇后都很友好地把自己的经验传授给我，在无数次被拒之后我也卖出了自己的第一份保险。那一天是我这么些日子以来感到最幸福的时候了。

　　我在公司认识的朋友们都是三四十岁的妇女，有老公有孩子，但她们却仍旧拼命地工作。一位比我大的姐姐告诉我，自己并不是非要工作的，老公和儿子都在赚钱，但是她觉得自己不能就这样心安理得花着他们赚的钱。她们说："我有手有脚的，为什么不能出来工作呢？作为一个女人，你的第一任务必须是独立，经济独立，性格独立，这样以后不论发生何种变故，你都有勇气去面对，才能获得别人的尊重。"我想起了过去十几年的我，从来不会因为花老公的钱而羞愧；我每天心安理得地在家玩耍，从来不知道工作的辛苦。想到这，我感到羞愧极了。也暗下决心，做一个独立的女人。

　　为了让自己能够卖更多的保险，我每天天不亮就往公司赶，找到客户的资料，仔细查看，仔细分析，找客户答应买保险的突破口。并且经常跟着公司里的老员工，看着他们如何跟客户交流，我辛勤得像头老黄牛，在过去的四十年里，我从来没有像现在这么拼命地做过一件事情；我把全部的精力都放在工作和孩子身上，没有时间去感叹我那不幸的婚姻，满脑子想的都是赚钱赚钱赚钱。

　　到了月底的时候，我拿到了第一笔工资，工资不多，但却是我十几年来赚的第一笔钱，拿到钱的那个晚上，带着女儿在外面好好地吃了一顿。我们两个都很高兴，佳佳笑得合不拢嘴，她说："妈妈，你真厉害，现在还能赚钱哦！我们以后会越来越好的哦！等我以后赚钱了妈妈就不用这么辛苦了！"我看着女儿懂事的样子，暗暗下决心以后一定要让女儿过上好日子。

工作虽然辛苦，但是我却做得非常快乐。怀着一份虔诚之心对待工作，必然会得到眷顾，后来我卖的保险越来越多，工资也跟着往上涨，基本上能负担我和女儿的生活了。我终于明白自己赚钱的滋味是有多么幸福。

后来当我也成为公司的老人时，我总会劝告年轻的姑娘们，以后不论身处何处，都不要忘记，你的第一任务是独立。只有独立了，你才会得到别人的尊重；只有独立了，你才会充满自信；只有独立了，你才会体会到独立是一件多么重要的事情。年轻的姑娘们，摆脱懒惰与依赖吧，当你真正独立了，你才会看到许多自己不曾看过的风景。

总要放开父亲的手

不要假设我都知道，其实一切也都是为了我而做。曾经的青石街道也会斑驳得就像几年前翻出的旧衣衫一样充满了回忆。我会想着当有一天我也有了儿子时是否会像父亲一样将我放于单车的后座紧紧拥抱着一片幸福。幸福是最能在错愕中流露出来的感动，怀恋荒野中还有一个小湖梳着碧绿的双鬓。

我一直以为小学就应该是一个拿来玩的时代，错过了这个时候哪里还有那个时间去玩呢？就算是到了现在已经可以当妈的年龄了却还是觉得小学就应该拿来玩。当然那时候我父亲却对我很严格，不许我玩，这就让我一直有着说不出的怨气。

"你今天怎么又没写作业？看电视！看电视有什么出息！快去做作业！"我记得那时候父亲总是一副十分严苛的表情，每次回家时都会骂我一顿。有时候我就想回两句话，看电视怎么了？你能看我就不能看啊？可是每次话到嘴边又不敢再说下去了，那张阴沉脸总感觉会发生什么可怕事情。

"我作业做完了啊，我刚看了一小会儿。"我低下头小声地说道。

父亲却不以为然，说："我给你布置的作业也做完了？那好，练的字拿来给我看看，写的作文在哪？拿出来给我看啊。"然后父亲便走到电视机旁边摸了摸电视机的后盖。那时候电视都是大脑袋电视，两侧的散热处总会放出很多热量。

"电视这么烫你还好意思说只看了一小会儿？今天你要是拿不出东西来就不要睡觉了！"

"可是今天我不想写。"我在一旁小声地说道。

"什么？你再说一遍？快给我写！"随后父亲从房里找出来了纸和笔坐在我身边看着我，脸上还是十分严肃的表情，我好像看见了一种从初夏到深冬的季节变化。

那时侯我总感觉父亲肯定是很恨我，不然不会这样地折磨我。我记得有一次我做了什么事他狠狠地教训了我，我总觉得我特别委屈于是便想要离家出走，可是还没跑多远就被父亲抓到了，又被他狠狠地教训了一顿。我那时就是对父亲又恨又怕。

我记得那次父亲留给我的作业我是一边哭一边写完的，后来母亲回来后我好像看见朝阳雪，一切的委屈都变成了水流了下去。我去向母亲诉苦，母亲摸了摸我的头，对我说父亲这么做也是为了我好。我很委屈，我很生气，但是我又不敢说。父亲当时说："哭什么哭，这么大的人了，都五年级的人了你也不看看别人多厉害，一天就知道看电视！"

我头一扭，也没有搭理他。

"今天街上好像有演戏的耶，我们去看看吧。"父亲对着母亲说道，这时候父亲说话比和我说话的时候温柔多了，一点也看不出来那是一个在之前那般训斥我的人。

小孩子向来是最喜欢热闹的，我自然也想去看看戏。于是我摇着母亲的手臂说："妈，妈，咱们去看戏吧，我不要和爸爸去。"

母亲当时却是摇着头对我说她太累了不想去，而当时我又确实很想去看戏。

现在想来就像是鲁迅想要去看社戏是一样的，只是鲁迅有很多的玩伴，路上还有罗汉豆可以吃。而我却是没有人陪我一起去，便感到一种莫名的失落。

"走吧，我们上街去。"父亲轻描淡写地说道。

我本来是不想和父亲一起去的，毕竟那时我对父亲还是心存不满，就像是他拿走并丢掉我最为心爱的洋娃娃后一样。但是我终究还是没有抵过那份好奇心带来的冲动，我还是和父亲一起出门上街去了。

春天的晚上终归不像夏天的晚上那么热闹，满袖的寒风充斥着一种炒土豆片的味道，闻得出来那是菜油加上蒜炒出来的味道。当很多年以后的现在再次闻到这种熟悉的味道的时候却已然不是当年的人了，当年的人们也都老了。

父亲的身影是高大的，一件深灰色的夹克披在他的身上。

他走得很快，我甚至需要用小跑才能跟得上父亲的脚步，他伸出手来想要牵住我，可是我却手一缩跑开了。

他那有些像海边的土地被海水侵蚀而布满了像蜘蛛网一般的纹路的手在冷风中抓了两下风，乌青的血管就像是在宣纸上泼开的墨那么显眼，而后他收回了伸出的手放进了口袋里。

一路上我也没有和父亲说话，也不想和他说话。

那段不长的街道总感觉已经走了很久，却依然没有走到尽头。道旁的楼房总算不是太高，白炽灯照下蒙黄的光也让人感受到了春天晚上应该有的冷和暗。道边的排水沟里面还长着几根接着势头窜出来的小草，不是在沉默中变成海里的雨点，而是以一种爆发的信仰来吐露芬芳。

也不知道走了多久终于到了要到的地方，而那里也确实热闹极了。街边的行道树上缠着花花绿绿的彩灯，路旁的路灯还悬挂着春节之后没有取下来的灯笼，和路灯一起散发着光芒。而这里的人也很多，人们将这里围成了一个大圈。

有几个淘气的男孩子甚至还爬上了树，我也在人群的最外面跳着想要看到里面到底是什么。

却是就在这个时候父亲一把把我举过了头顶，我的两只腿还在空中弹了两下。父亲将我放在了他的肩上，我骑在父亲的脖子上看见了前面的场景。这时候的我其实也没有怎么去关注前面的戏了，而戏具体演的什么我也早就忘了。

我只是清楚地记得当时我的心里复杂极了，我一直就想其实我已经很大了父亲还把我背在肩上看戏。那是一种说不出的感受。

到现在忽然想起以前的事的时候就会想到胡适母亲半夜里为他吸眼翳，朱自清父亲在月台往返的背影。也不知道到我的孩子像我那般大小时我对他或她的爱是否会如同我当时对父亲那般抵触。

记得我读大学的时候父亲确实已经老了，那时候父亲再也没有训斥过我了，再也没有给我布置过作业了。只是在每次休息的时候给我打上一个电话，问我最近的生活怎么样，问学习怎么样，问还有没有生活费。最后总是会在末了问什么时候放假，什么时候回家？

那时候的父亲就像是当时牵着我回家的那双大手，一直在牵着我往前走；而现在，那双大手再也护不住日益成长的嫩芽了。我也知道总是要放开父亲的手独自往前走。在多年以后我的子女也会松开我的手自己往前走下去。

我们都会成为一道背影，守护着一代人的成长，成为如盖的庭树，站成一种信仰。

自信的小拇指

一

在我很小的时候，就有一个跳芭蕾舞的梦想。每当看着舞台上的舞者在翩翩起舞的时候，我总是激动不已，渴望有朝一日，自己也能登上舞台，成为一个优秀的芭蕾舞者。

我把我的梦想告诉了妈妈，妈妈听了，愣了一下，表情似乎有些迟疑。但马上这一丝表情就被一个温暖的微笑所代替，她柔声说道："好的，我们明天就去报名！妈妈相信你一定可以做到。"心满意足的我早早地就上了床，怀着甜甜的梦想进入了梦乡。

第二天早晨，我们站在舞房门外，等待柳老师的到来。远远地，她迈着优雅地步伐朝我们走来。她是那么的美丽，光洁饱满的额头，如天鹅般修长的脖颈，笔直又充满力量的双腿，这简直就是我心目中芭蕾舞者最完美的形象！我痴痴地望着她，涨红了脸，竟说不出一句话来！

柳老师亲切地摸了摸我的脑袋问："你愿意先试着上一堂课吗？"我感觉我的舌头都麻痹了，说不出话来，狠狠地点了几下头。妈妈和柳老师都被我的模样逗笑了。妈妈对我瘪了瘪嘴，打趣地说道："我们家孩子什么都好，就是太害羞了。这不见了美女话都说不清了！"柳老师捋了捋头发，道："您可别拿我打趣了！"妈妈和老师交代了几句，就走了。

快到上课时间，我跟着其他舞者一起进入舞房。看着她们纤细的腰肢，柔软的动作，我才发现自己的身体有多僵硬。柔韧性是跳好舞蹈的第一步，压腿拉筋这是每个舞者必须要经历的。在柳老师的帮助和督促下，我也渐渐地柔软了起来。

可是，现实不是小说，幸福的生活并没有从此开始，公主还没有穿上她最爱的那双舞鞋。

二

"今天，我们来学习一支新的舞蹈，它是我们芭蕾舞曲目中最经典的一支舞蹈，也是在全世界范围内流传最广的。有谁知道是什么曲子吗？"柳老师笑着问道。女孩们叽叽喳喳地在下面讨论，舞房里顿时炸开了锅。

"你知道吗？"小美突然凑到我耳边，"你肯定知道对不对！"

"我……我，应该是《天鹅湖》吧！"我支支吾吾地小声说道。

小美拍了拍自己的额头："对啊，我怎么没想到呢？你可真厉害！"她灿烂地朝我笑了笑，我也不好意思地笑了。

"你要大方自信一点哦！别老是这么害羞，你举手告诉老师吧！"她握住了我的手，给我鼓劲。

我的额头开始冒汗，可是看着小美充满力量的眼神，我似乎也获得了一股勇气。"老师，是《天鹅湖》。"我大声脱口而出。柳老师对我投来了赞许的目光，"大家都给小云鼓鼓掌吧！她答对了哦！"那一刻，我觉得掌声真是世间最美妙的音乐。时间过得飞快，转眼就下课了。其他人都陆陆续续地离开了舞房，我因为有一个旋转动作还不太会，就留了下来想多练练。

三

旋转的动作一直都是我的弱项，我的平衡感好像天生就不好。练了一会儿，有些口渴，我就去了休息室打水喝，突然听到舞房传来了一阵脚步声。我透过百叶窗的缝隙往外看，原来是同班的小思和小芳。我想出去打招呼，可又不好意思，就干脆没有作声。

"你确定在这儿吗？怎么丢三落四的。"小芳说道。

小思一脸郁闷地说道："应该是掉这了。哎呀！那可是我新买的口红啊！"

"诶！你看看，那是谁的书包还放在哪儿？"小芳指着地板上的包说。

小思不屑地说道："哼！是那个小云的啊！她跳得那么差，不知道为什么柳老师那么喜欢她。"

"就是，你看她上次转圈那样，还跳芭蕾呢！根本就不适合！"小芳翻了个白眼。

"啊！我找到我的口红啦！"小思兴奋地说道。

"找到就好，那我们赶紧去看电影吧！"说完就风风火火地离开了。

看着她们走远，我才一步一步慢慢地走出了休息室。眼睛热热的，一片朦胧，世界在我面前都化成了一片光影，我强忍着泪水，不让它掉下来。一到家我就冲进了房间，痛哭起来。我不适合吗？或许，我真的不适合，芭蕾永远只是我的一个梦罢了！

四

再次回到课堂，大家看起来都还是那么美好。小美总是乐观积极，小思和小芳也对我露出了假惺惺的笑容，而我却再也抬不起头。虽然我一直不想承认，但我现在不得不承认，跟别人比我真的不行。整整一堂课我都是耷拉着，老师说了些什么，我也没听进去。我从来没有那么盼望过下课铃声的响起。还有一个小时，半个小时，十分钟，五分钟，叮叮叮~终于下课了！我收拾好东西就开始往外走。

"小云，等等！"

身后好像有人在叫我，我转过身去，原来是柳老师。

"你等等我好吗？我先去换个鞋，我有事找你。刚刚着急没换。"这时我才发现，柳老师还穿着芭蕾鞋。

我坐在凳子上，双手死死地抓着书包背带，心里很忐忑，感觉脑袋乱糟糟的。不知什么时候，柳老师已经静悄悄地坐在了我身边。

"你今天好像不高兴啊？怎么了？愿意跟老师说说吗？"

"也没什么，就是觉得自己不是块跳芭蕾的材料。"

"怎么会呢？"

"我平衡好差，怎么都跳不好。"我委屈得快哭了。

"那你把右手伸出来我看看！"柳老师突然对我伸出了手。

我迟疑地把手伸了过去，不明白她的意思。

"小手指长的人啊，跳舞都特别棒。你看看，你的小手指这么长，就是一个天生跳舞的好苗子。"

"老师，您别安慰我了！"我沮丧地说道。

"真的！不信你看我的手！是吧！我的小手指也很长。"我看了一眼，还真是跟我一样长。

柳老师见我将信将疑，起身就做了几个旋转动作。动作流畅干净，无可挑剔。

"你看，我跳得好看吧！你啊，只是技法不够成熟，练习不够。"她坚定地看着我说。

"我真的可以吗？"我低着头，衣角都已经快被抓破了。

她捧起了我的脸，一字一句地说道："你一定可以。记住，你是小拇指长的人，是被上帝选中天生就是跳舞的。"

我看着柳老师真诚清澈的眼睛，感觉身体里有一股暖流在徐徐上升。

"我相信，我能行！"

五

练习是非常枯燥的，但我没有放弃，因为我相信我可以做到。每次在旋转跌倒的时候我都会看着自己的小指头，告诉自己，我可以，我能行。功夫不负有心人，终于，我也可以跳出干净流畅的高难度旋转动作，不仅如此，我还成了一个真正的芭蕾舞者，实现了我小时候的梦想。我第一次独立登台表演完美结束，观众席如潮水般的掌声让我想起了那次课上的掌声。依旧那么美妙！表演结束后，我迫不及待地拨通了柳老师的电话。

"老师，您说的没错，小拇指长的人真的会比较适合跳舞！"

"哈哈哈，"电话那头传来了老师清脆的笑声，"傻孩子，那是老师骗你的。你有今天全是靠你自己的努力。你就是太缺乏自信，而舞蹈是一种自信的艺术，所以你那时候才会跳不好。"

拿着电话的我早已泪流满面，其实我怎么会不知道呢？自卑让我不敢表现自己，而失去了很多宝贵的机会。而柳老师一个善意的谎言，给了我自信，也赋予了我无穷的力量。那根自信的小拇指成了我人生中的一个转折点，也成就了我。这就是自信的力量。

卖白菜我也要比别人优秀

"听说李家的大丫头嫁的这户人家不是一般的有钱哎！"

"那还用说，瞧瞧这排场，婚车一水儿的敞篷啊，听我儿子说是叫个什么什么威龙来着。"

"也不知道这丫头是积了几世的福，要是我闺女也能找到个金龟婿该多好啊！"

"得得得，都甭羡慕了，不就是麻雀飞上枝头了吗？"

几位中年妇女在身后叽叽喳喳的八卦着，实在是被她们吵得头疼，我便起身换了个座位。刚刚安静一会儿，不料竟然看到几个二十来岁的姑娘正在咄咄逼人逼问着穿着婚纱的小可什么，我赶紧冲上去维护她，几个姑娘不甘示弱地说："我们只是想问一下她嫁给温衡哥会不会自卑而已。"说完还抛出了一个轻蔑的眼神，正想和她们好好理论几句，小可拦住了我，微微一笑，温和地说道："没什么好自卑的，每个人都有自己的选择，他愿意选择我，我刚好也选中了他而已。"听到答案之后，几个姑娘这才识趣地走开了。

婚礼结束后，我也实在是气不过自己的好朋友被别人欺负，将这件事情原原本本告诉了温衡。温衡听了之后会心一笑，仿佛是知道小可会这样回答一样，只听见他淡淡的声音："说实话，我真感觉今天的婚礼就像一场梦一样，我从没想过小可会答应嫁给我，成为我的新娘。我害怕自己配不上小可，25岁之前的我不学无术，什么坏事都干过，是个空虚无聊只知道花家里钱的遭人唾弃的富二代，除去家里的钱，我恐怕什么都不是；而小可呢，她样样都好，有知识有能力，而且温柔善良，有气质，完全可以找到一个更优秀的男人嫁了。"

是啊，所有的人都说小可是飞上枝头变凤凰了，但是我明白她这一路走来有多么艰辛努力，她配得上自己所得到的幸福。

小可17岁中专毕业就打包了自己人生中的第一个行李，离开了家来到深圳打工。她从来都不抱怨当别的姑娘躺在粉红色的公主床上迷糊的睁开眼睛就呼叫女佣准备早餐时而自己却还在拥挤的公交上忍受着各种难闻的味道。小可说："我和他们又有什么不一样呢，既然他们可以，那我也一定能行。"就为着这样一个信念，小可勤勤恳恳地在我现在的公司里当了两年的茶水小妹。

我是名牌大学本科毕业，起步就是公司正式员工，也就是人人称羡的公司白领，无论是父母还是我自己都觉得非常骄傲。是啊，一个女孩子能够有这样的工作条件，这样稳定而体面的工作确实很不错。

但是小可绝不是一个安于现状的人，她每天第一个到公司，打扫全公司的卫生，无论是格子间还是厕所，她都能打扫得一尘不染；公司附近的外卖电话她几乎全部都有，哪里新开了一家餐厅、哪位同事喜欢吃辣的、打印机出了什么故障等等琐事她全部都知道，也就是这些为她日后的成就奠定了基础。

开始和小可接触的时候我已经在公司干了两年，虽然工作没有什么起色，但是工资仍旧照拿，还是那样的体面。小可从公关部调来我们市场部，并且已经被老板内定为市场部经理了，或许在别的公司这样的内定可能会引起什么纠纷，但是我们整个市场部的人对她都是心服口服的。

虽然那段时间我和她还是同一个职位，但我能感觉得到她和我们是不同的，她身上永远都有那种向上的冲劲，似乎精力永远都用不完似的。直到后来我才知道她年迈的双亲还有妹妹上学的费用都是她来负责的，瘦弱的肩膀上承担了她这个年龄不该有的责任。

就在大家都以为小可马上就会成为经理的时候，突然总公司空降下来一个据说是留学归来的海归。老板也没有办法，毕竟是总公司派下来的人，就决定让小可和他竞争一下，谁赢了谁就当经理，另外一个是副经理。明眼人心里都清楚，经理和副经理的区别可大着呢，副经理名头好听，实际上就是个经理助理。

海归男对小可十分不满，毕竟小可的文凭只是中专而已，因而没少在我们面前说小可的坏话。背地里，海归男估计也没少出阴招，但是小可做事仍然一如既往地磊落。在一次部门开例会的时候，海归男因为弄错资料的数据得罪了公司的一个大客户，在会议上一个劲儿跟老总道歉，给大家作检讨。

老板十分生气，可是小可不仅没有在这个时候大做文章，反而为海归男求情。两者相较之下，老总最后自然而言地选择了小可。就是因为这个机会，小可开始慢慢地接触到了不一样的人和事，也认识了现在的丈夫。不仅如此，小可后来还辞职开了一家自己的贸易公司，在工作之余还自学英语口译，攻读工商管理硕士学位。

亦舒说："美貌的最高级别是明明很美，却不觉得自己美。"小可就是如此。小可的条件本身就十分好，每周还坚持健身和练瑜伽，她给人的第一印象不是惊艳，也不是漂亮，而是舒服。出身农村的她始终保持着天生的善良与谦逊，这些年来都不乏高质量的追随者。或许是工作忙碌、肩上责任重大或是别的原因，这些年来小可都是孤身一人。

温衡认识小可的时候还是一个桀骜不驯的富二代，凭着冲动对小可表白了，结果被小可毫不犹豫地拒绝了。我想，换作是其他的普通女孩子，可能就直接答应了吧，谁不愿意嫁个富二代少奋斗十年呢？

虽然两人没能成为男女朋友，但都觉得彼此性格还不错，成了普通朋友。那时候温衡有一个特点，就是家里人的话谁的都听不下去，还好几次离家出走，唯独听得进去小可的话。两年以后，温衡也渐渐地将整个人沉淀下来了，变得稳重自持。大概是觉得时机成熟了吧，温衡再次向小可表白，小可只问了他两个问题后就决定嫁给他。

"你还有没有去碰那些乱七八糟的东西？"

"没有。"

"是为了我吗？"

"其实也不是，就好像是突然间醒悟了，觉得再这样浑浑噩噩下去没意思，我想要活出一个不一样的自己。"

仿佛童话一样，王子和公主现在过上了幸福快乐的日子。亲爱的姑娘，我不是告诉你应该怎样去嫁给一个富二代，而是希望你明白，童话里的公主虽然很多，但是现实生活中，更多的公主是靠"修炼"变成的，很多你看起来觉得不般配不公平甚至心里嫉妒得发痒的爱情，其实都有着它合理而又公正的地方。只有当你真正到达你所能想象到的位置，你才能明白身边的人或物都与起点不一样了。

亲爱的姑娘，请无所顾忌地让自己修炼成公主吧！

做个别人眼中的坏女人

　　大学毕业，我就失了业。也不是找不到工作，早在我毕业之前，老爸就托关系在我们市的重点高中为我找到了一份当老师的职业。在我们这个小城市，老师还是一份很吃香的职业。只是我不想一生都被困在那小小的一方教室里，日复一日，年复一年，对着不同的学生说着同样的话，这不是我想要的生活。

　　于是，我执拗地拒绝了老爸给我安排的工作，只身一人来到了深圳，想靠自己的本事闯出一片天来。初到深圳的我，却不知道该去向何方。只能盲目地到处投简历，没有任何目标。果不其然，这些简历都石沉大海，音信全无。就在我快要坚持不下去的时候，终于接到了一家公司的面试电话。

　　面试我的两个女人都是销售部的主任，一个中规中矩，穿着西装；看起来古板严肃，而另一个却青春靓丽，打扮时尚却又不失庄重。那个古板的女人问了我一些基本情况，跟网上的那些面试问题差不多。我照着事先准备的都回答了，自己感觉还不错。

这时，另一个女人问的问题却让我措手不及。她问我："你的梦想是什么？"我楞了一下，顿时感觉脸上热热的，这我完全没准备啊！可是没办法，我只好硬着头皮说："我也没什么具体的梦想，我就想做一个可以靠自己的人，我不想成为一个弱者。"她听了我的回答，冲我微微一笑，没有说话。而我却感觉到前一个女人眼里露出的一丝轻蔑和鄙夷。

面试完了，他们就叫我回去等通知。我心想，这次估计没戏，也就没有抱多大的希望，可是没想到，他们居然录取了我。我被分到了刘姐组里，就是上次面试我的那个古板的女人。跟我同一天进来的还有一个小女生，叫小杨。刘姐还蛮客气地叮嘱了我们几句，要我们好好工作。说实话，虽然刘姐看起来挺古板严肃，但能跟着她做事我还挺开心的，因为我觉得像她这样的人一般业务能力都很强，我也能跟着她学到真本事。

午餐时间，跟同事闲聊得知。刘姐是公司的老员工了，已经干了十几年，老公是企划部的，孩子也快十岁了。她一直都想升经理，但是却没升上去。"为什么没升上去啊？"我好奇地问了一句。"有个竞争对手呗！吴主任年轻貌美，刘姐怎么比得上。"同事不屑地说道。

这件事后我也常常在暗地里观察吴主任，发现她跟公司的男同事都打得火热，老板也总是对她另眼相待。我心里也慢慢地把她划分到了坏女人的行列。

刚进公司，我以为每天都应该是充满斗志的，可现实却并非如此。刘姐也似乎没有看起来那么精明强干，每次小组例会都是敷衍了事，遇事也没什么主见想法，还总利用上班的时间打电话，逛淘宝。

日子就这么过着，好像也没比教师生涯精彩多少。我开始有点后悔出来闯荡了，这样平淡的日子也不是我想要的。每天就是无聊的做些杂事，听听同事们说说八卦、磨磨洋工。当然，八卦的中心人物总是离不开吴主任。偶尔在茶水间遇到了她，她还时不时和我寒暄几句，问问我的近况。而我却不想与她多说，因为怕被同事误会我和她有什么来往。渐渐地，她似乎也察觉到了，再见我时只是微微一笑。

快过年了，公司却还有一大笔尾款没有收回来。对方是我们公司最大的投资商，财务部的同事三番五次去收款都被那边的人挡了回来。老板为这事大发雷霆，但是又不敢得罪对方。于是急着想找一个人去把这笔钱要回来。我向刘姐提议说我们组把这事接了，她却把我教育了一番："你愿意去当冤大头你去！这种吃亏不讨好的事，你这不是给我找事儿吗？"

可是没想到，吴主任居然自告奋勇地去要债，老板挺高兴就派她去了。没想到她还真的把款要了回来，这倒是让我对她有点刮目相看了。可是，一回到办公司就听到刘姐在酸溜溜地说："人家就是会表现自己，这种出风头的事就要做给别人看。谁知道她使了什么手段，听说那个赵总好色得很！""哈哈哈哈……"办公司里发出来一阵嬉笑声。

后来，因为人事调动的原因，我被调到了她的组里。刚开始，我是忐忑的，因为刘姐和她的矛盾，几乎公司里人人皆知，我怕她会故意为难我。没想到她却对我很热情。"小林，我对你是有印象的。是我面试的你。"没想到这么久之前的事了，她还记得，我有些诧异。"恩，是，主任您记性真好。"她粲然一笑，"别这么客气，咱俩差不多大你就叫我小吴吧！你是我坚持要选的我肯定记得啊！"我没想到居然是她把我选进来的。

她看着我惊讶的样子，笑了笑接着说："当时听了你的回答，我觉得在你身上有一股劲。所以我很欣赏你，我觉得你一定会实现你的梦想，成为一个强者。"听了她的话，我感到很羞愧，因为这几个月我好像什么都没有学到。

她没有理我接着说道："我知道，你一定觉得我是个坏女人吧！""没有，没有。"我连忙否认。"哈哈，没事儿，我很高兴成为一个'坏女人'！"她看着我继续说，"你肯定在奇怪为什么我这么年轻就当上了主任，没有一点关系怎么可能爬得这么快？你也肯定很好奇，为什么别人都要不来的余款被我要来了？难道没有一点猫腻吗？那如果我告诉你，是我想到了淡季返利的点子，让公司度过了经济难关，还盈利了四千多万。你还会觉得我是靠男人爬到这个位置上来的吗？"

"天啦！想不到那个点子是你想出来的！那简直是销售界的一个神话！"我惊呼道。"呵呵呵，没你说的那么夸张。"她笑面如花。

"那你是怎么拿回那笔尾款的啊？"这个问题困扰我很久了。"这个嘛，死缠烂打呗！"她眼睛里露出了一丝孩童般的狡黠。看我不相信的样子她继续说道："有的事要用巧劲，有的就只能用蛮劲了！谁想在大过年的时候，一直被一个疯婆子缠着要债呢？"说完，我们俩都哈哈大笑起来。

"其实我知道公司里有我的很多风言风语，"她突然严肃了起来，"但是我不想只是为了合群就去做一个'好人'。做这样的'好人'有什么意义呢？每天混日子、拿工资、碌碌无为，我不喜欢这样的人生。我想去拼、去闯，去用自己的双手打造自己的人生。就像你面试的时候说的我想做一个强者。

"我在一本书看过这样一个理论：成功恐惧症。这是美国心理学者 Homer 提出来的。它是说女性普遍存在一种害怕成功的心理，她们在潜意识中往往担心成功会为自己带来负面的影响，比如会遭到男性冷嘲热讽、担心找不到男朋友、被女性同事排挤等。但是我不怕，也不想成为弱者。我凭自己的本领做事，行得正坐得直，有什么好怕的呢？"

从此，我们之间的心结就打开了。我跟着她开始从头学起，渐渐地也做出了一些成绩。听小杨说，刘姐现在有意无意也开始在背后说我的坏话了，我也成了她们口中的"坏女人"了。我听了不生气，反而有一丝高兴，那说明我已经有了让人嫉妒的资本了！

做个别人眼中的"坏女人"吧！你会发现你的人生开始不同！

第三章

梦境中的公主，现实中的女王

绊脚石的名字叫嫉妒

在外地拼杀了好几年，好不容易在事业上站稳了脚跟，还没来得及歇口气的我就被大发龙威的老妈毫不留情地踢进了相亲大业。女人到了结婚的年纪，总有一大堆的人来关心你的名字怎么还不出现在别人家的户口本上。也许是真的累了需要一个家，也许是没精力再去等那所谓命中注定对的人，我终于松了口，在老妈的操持下跟个看得顺眼的家伙领了证。

虽然是结了婚，成了已婚女士，但其实自己还是没有很快适应自己的新身份。有次和朋友逛街，买了大堆的新衣服狂嗨了一场，玩得忘乎所以，突然接到他的短信问我什么时候回家他好做饭。这种家里有人等的感觉让独身惯了的我很受触动，嘴上回他坏了我跟好姐妹逛街的兴致，其实心里乐滋滋的，看着他马上乖乖道歉，心里恶劣地笑得更开心了。

那天我也早早地回家，胃口大开，大快朵颐，看着他拿着我给他买的领带一直傻笑，都忘了吃饭，我突然有了种其实结婚也不错的感觉。

我的性子不好，在公司里，我就是个暴脾气的炸药桶。我知道他们私下里叫我女魔头，但谁也不敢小瞧了我的实力。我喜欢做个强者，对自己高要求才爬到现在的地位，在公司里对下属要求也很严格。可是公司里总有大大小小的事让我烦心，不是策划书各种不合格就是重要的报表数据出了错，我原以为我这样的人一定处理不好婚姻问题，却没想到在家里反而没了脾气。

他很爱我，真的像把我捧在掌心里疼一样。家里大大小小事都以我的好恶为主。我觉得我挺幸运的，快三十了，又不是年轻的小姑娘了，虽然自己能赚钱不用人养，但还能遇到一个对我这么好的老公真是上天的恩赐。我告诉他我可是女魔头，他却乐呵呵跟我玩参拜女王大人，所以我们的婚姻开始的时候真的很幸福。

但甜蜜过后总会出现很多问题。其实跟我以前的男朋友比起来，他真的算不上优秀，不是很帅，工作也很普通；虽然他很迁就我，也弥补不了我们的爱好习惯上巨大的差异。有段时间我过得很痛苦，因为我开始无可救药地嫉妒。

以往聚在身边说好了一起单身一辈子的姐妹们，在我开了先例后似乎也都觉悟般，也陆陆续续地嫁人了。但没有人跟我一样选了个平凡的丈夫，后来的聚餐仿佛无形中将我和她们划开了一道深深的沟壑。我听着她们谈起自己的老公又送了她们名贵的礼物、用怎样浪漫烧钱的方式度了蜜月……这些话我最初听了不过一笑了之，看着她们的互相炫耀觉得索然无味，结了婚就跟变了个人一样。后来她们聊天的内容更加关注自己的家庭，我就发现自己已经插不进话题了。

有一次，公司出了大问题，我急得像热锅上的蚂蚁，不停地找人帮忙，这是我这么多年来遇到的最大问题，也是第一次四处求人。强势惯了的我不得不低头，不得不厚着脸皮向已经生疏了的朋友们求助，怎么熬过的我已经不想再回想。

后来是一位以前关系不错的姐妹托有身份有地位的老公帮的忙。那天我牵着她的手不停感谢，她用一种好似怜悯的眼神看着我，我清楚地听到她的感慨："唉，要是你当初没有嫁得那么随便就好了。"莫名的情绪从胸腔汹涌至眼眶，一向骄傲的我在以前的朋友面前折了面子、受人同情，我明白。嫁了老公后其实我算不上她们的朋友了，要养家不能再像以前一样大手大脚花钱，遇到喜欢的东西也要斟酌一番，而她们却因为有优秀的老公做依靠可以依旧肆无忌惮，甚至愈加的随心所欲。

而我甚至在最无助的时候老公也不能帮忙。一种嫉妒的情绪早已在心里悄然生根，如今已被催发得膨胀。一种自私的想法在脑海里不断回荡，我不比她差！我也可以嫁得比她好的！

各种负面情绪倾轧而来，压得我几乎喘不过气。人在屋檐下，我忍住泪水，强装无谓地跟她道了别。

回家老公看出我情绪不对，立马跑来问我怎么了。就只是一句简单贴心的问话，却打开了我藏有所有负面情绪的黑匣子。我就像化身为童话故事里最恶毒的巫婆，往日的女王般的骄傲气度浑然不见："呵，老婆出了事你做老公的都不知道吗？你老婆受委屈了你能做什么！"

我知道他是无辜的，事发突然我忙得一团糟根本没时间告诉他，但我宁愿他跟我吵一架减轻我心里有了嫉妒的罪恶感。可是我错了，他只是最开始被我吼得愣了下，却什么话也没说，安静承受着我的无理取闹也没有看出发怒的迹象，一直保持沉默。在我哭得快断气的时候还帮我倒了杯水。这算是我最狼狈的时候了，这个笨拙的平凡男人一直在我身边安静地陪着我。迷糊之间我累的睡着了，却感受到他还在温柔地照顾我。

嫉妒会使人发狂，使人丧失理智，甚至是忘记自己的初心。我承认我嫉妒她们，一样的起点，她们却看起来比我幸福，不过我明白了，珍惜眼前人，我也很幸福。我也有值得她们嫉妒的地方，我可以不用靠男人，经历了挫折的我会更加的强大，一夜之后我又是骄傲的女王，就算经历失败也能东山再起。更重要的是，我还有一个好老公，他是良药，帮我解了嫉妒的毒，踢开了绊脚石。

滚蛋吧！虚荣心

叮咚——

手机传来简讯声。

"贝贝，今天高中同学聚会，你一定要来哦！"

又是佳禾的短信。

我的内心深深地叹了口气。

佳禾和我是高中同桌的关系。她天性乐观活泼，不到两个星期就已经和班上的同学打得火热了，在这点上，我绝对望尘莫及。

虽说高中时光短暂，但毕业后的我们，在佳禾的号召下，仍然会每年举行一场号称同学聚会的活动。而这个活动，到现在第十个年头的时候，显然已经变了味，不再是同学之间的联系友谊，反而是那种吹嘘拍马、觥筹交错的应酬了。

而这，也使得我每年都害怕收到佳禾的短信。

因为啊，我已经不再是以前那个常年第一的沈贝了。

换上一身得体的连衣裙，抹上口红，拎着小包，便准备赴约。

距离我们约定的时间还有十分钟，我慢悠悠地停好车，问清楚包厢后，便施施然地上了电梯。推开包厢门，便听到佳禾夸张的谈笑声："哎呀！你又换车了，看来近些年发展不错嘛，换的什么车？"

循声望去，是我们班的班花——克瑜。

只见克瑜嘴角向上牵动了一下，然后将一个车钥匙扔到了桌上。

"天哪！竟然是玛莎拉蒂！"佳禾拿着车钥匙细细打量，"嘿，我说，克瑜你这些年是走了什么运了？发展得这么好，也要带带老同学啊！"

"都是我老公啦！"克瑜拿起酒杯抿了口红酒，"非要给我换车，我都说了不要，他硬是买了说要给我个惊喜。"克瑜脸朝着佳禾，嘴上虽说着不乐意，表情却是愉快的。

我看着克瑜，心里泛上一股不明的郁闷。

当年班上，我和克瑜同时被称为班花，而我成绩向来第一，因此我总是被人羡慕的对象。

“你看沈贝，她太牛了，这么难的数学卷子，竟然只扣了五分，她成绩还要不要再好点！”

“今年票选级花，沈贝又上榜了，你说她长得好，成绩好，还要不要我们这些人活了！”

“沈贝又得作文奖了，她真是个才女……”

……

很多很多之类的话，总是时不时地传进我的耳朵里。虽然我表面淡然，但我知道，我内心是高兴的，因为啊，我享受别人注视我的目光，享受别人的羡慕，享受别人的夸耀。就连高考考上“211”的我，也都一度成为学校的谈资。可是，为什么从高中毕业后的十年里，克瑜会比我过得好呢？明明她没有考上重点，明明她不如我，可为什么找到的老公却那么为她长脸！凭什么？凭什么？

心里就像涌入一股黑浆，浓稠的恶心的，却顷刻间将我心中的阳光吞灭。

我不甘心！我嫉妒克瑜！

大脑里回荡的只剩下这个念头。

“哟，沈贝你来了啊，怎么也不打个招呼？”佳禾看见了站在门口的我。

"看你们聊得正欢，没敢打扰你们。"我淡淡地说。

"嘿，还有我们沈大才女不敢的事啊！"克瑜揶揄我，"我还记得当初在学校，沈大才女的风头可是最盛哦，那时我可嫉妒了呢。"克瑜调侃着，却激起了我心头的火。

"克瑜说哪里话。"我放下包，坐在克瑜临近的位置上，"如今爱情事业双丰收，恭喜你啊，终于熬出来了。"

"贝贝，克瑜现在老好了，你看……"佳禾望着我，"真是三十年河东三十年河西啊。"

听了佳禾这话，我心头更不是滋味了。

"沈贝，你老公呢？"

"喔，他呀……"我刚准备说"就那老样子呗"，转头就看到克瑜脸上的笑，瞬间，我的话便转了弯，"自从他升职后，就应酬不断，公司事务也陡然变多了。"

"嘛，"克瑜拿起手机，"那是好事。喂，嗯，我不是跟你说今天同学聚会吗，不用给我做饭了，可能晚点回吧，知道啦，我会注意安全的……"

一听就知道，是克瑜老公的电话，我垂下了眼眸。其实，我老公哪有什么升职，当着一个普通小职员，每当我要他再努力点时，他总是给我摆脸色、发脾气。天知道，我当初怎么瞎了眼看上他了，再看看别人家的老公，这么温柔体贴，我老公都没给我做过几次饭，克瑜真是好命！

我本是不服输的人，越是这么想着，心里越是要争一口气，不管局势怎样，绝不能让自己脸上跌份。

"呵呵，不好意思哦，老公查得紧，"克瑜挂上电话，巧笑倩兮，"我老公就是这样，生怕我有危险似的，让大伙儿看笑话了。""话说沈贝，你之前不是说老公很疼你吗，我看啊，克瑜的老公也不比你老公差哦。"

我听了，憋憋嘴说："我老公上回去美国出差，给我买了个卡地亚。虽然款式有点老气，但我看在他有心的份上也就笑纳了。"

"真的假的！"同伴听了大呼，"沈贝你老公果然疼你。"

"谁说不是，上次我跟他说了我不要 Chanel 的限量版包，后来我们去俄罗斯玩，他硬是瞒着我去买了一个，搞得我……"

"还有还有，"人只要一开始吹牛就会停不下来，我也不例外，"我老公知道我颈椎有毛病，每天晚上都会跟我按摩。"

说着说着，我便开始有些飘飘然。

克瑜望着我："我老公之前包下迪拜五星级酒店，给我做月子。我要他不要这样浪费，他还说什么只要是为了我好，钱算得了什么，这些都是小事。"

我瞥了克瑜一眼，没再说话。

聚会慢慢地到了尾声，众人也是各回各家各找各妈。

我带着一窝心的愤怒，朝家里走去，路上却看见了一个熟悉的身影。

"你在哪里，快来接我啊！"克瑜对着电话，似乎在说着什么。"我刚把车去还了，现在一个人，什么，你要我自己回！你知道这里离回家有多远吗，你竟然要我一个人回去！"

这是……我心头一紧。

"你是不是又在哪个小妖精那儿，你说你还能不能有点出息！你知道我高中同学沈贝吧，她高中压我一头，现在她老公都比你好，你真是！你真是！竟然还敢挂我电话！"说着，克瑜跺着脚走远了。

原来竟是这样。

在我虚荣心作祟的时候，克瑜也是怀抱着同样的想法，因为她不想输给我，却忘了我也不愿输给她。结果我们俩竟是合伙演了这一出闹戏，骗过了对方，却瞒不住自己。

这就是心魔啊，我缓缓地走在街道上，想想自己每次同学聚会高度紧张的神情和无处不在的谎言，不免觉得有些可笑。是啊，正是当初我极强的自尊心才滋生出虚荣这玩意啊，不能比别人过得差，一定要成为众人羡慕的对象，就是这样的希冀，一步一步带我走丢，让我慢慢步入深渊。再说，世上哪有什么完美人生呢，都是要靠自己打拼出来的。我也是太局限自己、太重视他人，反而让心魔钻了空子。那么就现在起，滚蛋吧，虚荣心，或许丢掉你、没有你，我的日子会好过些。

　　一阵凉风吹过，我紧了紧衣衫，匆匆赶往家的方向。

鞋子好看不如鞋子合脚

曾经热播的电视剧《辣妈正传》中，女主夏冰曾有一段很有趣的言论："xxx 就像莲子男，外表好看但芯是苦的，而 xx 则是荔枝男，虽然外表丑了点但吃起来能甜到你的心里去。"从她的这番言论可以看出她的择偶观，一个能赢得她的爱情的人，一定是对她最好的人，而不一定是最帅的人。

这样的择偶观与我的不谋而合，用我的话来讲，就是鞋子好看不如鞋子合脚。男人如同鞋子，外形好的男人如同精致的高跟鞋，虽然在灯红酒绿或富丽堂皇的场合能为自己拔高气场、增光添彩，但生活中的这种特定场合毕竟是占少数的；生活更多的是市井家庭、柴米油盐，因此一双舒适的鞋子更为合适。

也许你会说，难道就没有一双既好看又舒适的鞋吗？当然有，而且不止有这种鞋，也有外形好而且对另一半也超级好的男人。如果正在读这篇文章的你正有这样让人羡慕的爱人，我真心地祝福你。当然，如果没有，我也祝福你，该来的总会到来，你总会找到最合脚的鞋子，然后一步一个脚印、踏踏实实地，走很长很长的路。

可能你正处于一个很尴尬的境地，左边是外形条件佳、但不够爱你的人，右边是外形条件不是你的 taste 或者长相一般、但能为你考虑到生活细微之处的人，这种选择一定很纠结吧。以笔者并不十分丰富的恋爱经历来看，爱才是最终能否选择与这个人相携一生的标准，是衡量一个男人能否成为终身伴侣的基础题，而外形条件的好坏是附加题。

我身边的姑娘，很多都是标准的"颜控"，现实生活中一切外形不是自己菜的男生，一律 pass，整日痴情于韩剧里的又帅又暖的欧巴，难以自拔。我有一女友，可谓是看一个韩剧换一个老公，《来自星星的你》热播时，整日幻想都教授从外星来地球接她，如今又被《太阳的后裔》中的宋仲基迷得神魂颠倒，见人就说自己的老公在国外打仗，如何如何威风……真正喜欢她的人，她看了一眼之后就不再想看第二眼，有的坚持了一段时间看她实在无意只能作罢。就这样，这个一心要鞋子好看的姑娘错过了一双又一双合脚的鞋子，在爱情这条路上走得并不远。

我大学时有过一个很帅气的男友，和 1 米 88 的他站在一起经常引来路人的侧目。因为那个时候流行最萌身高差，我牵着他的手，像极了正在放风筝的小学生。

那个时候最喜欢做的事，也无非是手牵手跟他一起走在路上，遇到熟人打声招呼，那些招呼声里，也不过是"你看，我有这么帅气的男朋友"的炫耀和作为他女朋友的一种"示威"。大概是因为长相帅气、篮球打得棒、唱歌又超级好听的缘故，在艺术团有很多学妹都爱跟在他身后，听他差遣，陪他聊天。而我只是一个很普通的中文系姑娘，因为太瘦从小到大都离不开"豆芽菜"这个外号，在人多的场合发言会结巴。唯一让我自信点的是我的五官还算清秀，可是大学里会化妆打扮的女孩子太多了，我的这点优点或者根本算不上优点。

你一定疑惑，我那帅气的前任为什么看上我了？当我带着一样的疑问并满怀期待地问他"你喜欢我什么？"时，他低下头看起来很认真地思忖着，我满心期待着他会说——

"因为你美啊"（好像有点自欺欺人）或者"我就是喜欢你，不需要任何理由啊"这样的"情不知所起，一往而深"的又霸气又浪漫的回答。

可是过了片刻他说："因为我们还不熟的时候，你送包子给我吃……"

好吧，送包子事件是因为我买多了吃不完了才在朋友圈里说了句送包子，先回复先得。而我那帅气的前任，恰好就是第一个回复说要吃的人……我万万没想到这会成为他跟我在一起的理由，而我也没有按部就班地去了解他的兴趣爱好、生辰八字就答应了他的追求，光是看脸，就不能让人拒绝了。

因为我们俩人的恋爱并没有建立在互相了解的基础上，且我俩在一起的目的都不纯粹是因为深爱，因此我俩的感情因为彼此性格爱好的不了解而很快变成过去式。甚至没有过多的留恋，所有的所有，大概都是因为不够爱吧。试想一个因为感动和好感而选择你的人，还有一个因为贪恋对方形象气质佳而选择在一起的人，能有多爱呢？

结束了一段不痛不痒的感情，让我反思了很多。这的确是个看脸的时代，好的形象气质确实能给一个人加分，但无论如何，真正打动人的都应该是爱情本身。

后来我又有了一个男朋友，并且很幸运，我们在一起两年。在毕业分手季时，他很肯定地对我说："你去哪儿，我去哪儿。"他这么说，也的确这么做了。

像天下所有的情侣那样，我们也会因为生活中的小事吵得不可开交，最严重的一次我把他的衣服都扔出门外了，他都没有说出"分手"二字，而是灰溜溜钻进厨房给我做饭吃。当然就算我再生气，也从来没想过要分手，不说分手成了我们心照不宣、约定俗成的甜蜜心事。

因为，真的真的，很相爱啊。

可是，我的他，真的真的，相貌平平啊。

上大学那会儿和他好了以后，我身边的好友都很不理解："你前任那么帅，你为什么会跟这样一个跟前任差别这么大的人在一起？"

"因为他比任何人都对我好啊。"我不假思索道。

他的确对我好。你可能会觉得一个远离家乡异地求学的女孩子眼皮很浅，总能把一些小恩小惠看作大恩大德，但是我告诉你，往往是生活中最细枝末节的东西，最能打动人。

他能在我忙得顾不上或懒得不想吃饭的时候把饭送到我的楼下；能把我随意说的一句话记在心里并悄悄地满足你；买来小锅为你熬制枣姜阿胶只因为他牵你的手时总是冰凉……

尽管他长相平平、气质一般、衣品勉强，但我还是接受了他，因为我穿着好看的鞋子走了两步后就明白了，要想走很远很远的路，我更需要的是一双合脚的鞋子。

《巴黎圣母院》里，很多人物形象都形成了强烈的"美丑对照"，其中弗比斯和卡西莫多的对照尤为明显。弗比斯是一个十足的美男子，但他却表里不一，是个行为浪荡、阴险狡诈的人；而撞钟人卡西莫多虽然外表奇丑无比但却有颗金子般善良的心。在这部文学作品里，我们不能否认雨果的夸张手法的运用，但它也真真切切地揭示了一个永恒的道理——

真正的美来自心灵。

从这个道理也可以看出，鞋子好看真的不如鞋子合脚。

斗嘴怡情，大吵伤身

现代人普遍的境况——对陌生的人毕恭毕敬，对亲近的人毫无耐心。我们用嘴来接吻，也用嘴来伤害对方。

街道两侧樱花盛开，那一朵朵飘舞的小精灵，在风中打了打转，便散落在地，铺成洁白的毛毯。春光灿烂好时节，带点浪漫、带点神秘，如同我现在的心情。前不久，刚品尝了爱情的甜蜜，昨天，又得到了新公司《757》杂志社的面试通知，我的人生似乎正在慢慢地走上正轨。

面试相当顺利，凭着我对时尚的认知、了解和清晰的思维、表达能力，很快就得到了主编的青睐，让我做编辑助理。从事时尚杂志社的工作并非我想象中的高端与轻松，我以为我的工作会是在高档咖啡馆或者明亮的办公桌上，翻着书本、敲着键盘、喝着咖啡、吃着糕点进行。每日朝九晚五，晚上还可以回家吃饭遛狗，没事的时候健健身、旅旅游，如一个都市白领般惬意丰富。没想到，我的工作和我所想象得天差地别。

我现实生活中的工作情况是怎样的呢？拥挤的办公室和办公桌，成堆的文件、稿纸，需要我去整理修改。每天义务帮领导跑腿买饭买咖啡，有时候晚上下班后还需要再加班两三个小时，才能完成一天的工作任务量。每天早上六点半就要起床去挤地铁，伴着日出而出，伴着月色而归。一个月、两个月、半年……时间就这样一点一点地过去了，我的工作依旧是这样的辛苦和枯燥。那些表面光鲜亮丽的工作和名头并没有我的份，我只有每天劳累辛苦，周末不得休息，工资也一直不见长；我逐渐失去了对工作的热情，并且变得焦躁易怒，压力非常大。

我以为社会向我展开了双臂，没想到我却是跌入了囚笼。每次我烦躁和不解的时候，周围的人总会跟我说，年轻人就是要多吃苦，可是我实在不知道每天对着一堆枯燥的纸张，能有什么提升。我只能一直坚持，强颜欢笑，领导觉得我优秀努力、踏实肯干，说过几次让我晋升，可一直也没有消息。我在公司的压力、那种无处发泄的苦闷和焦躁，竟然渐渐转移到我的男朋友陈浩身上了。

我与陈浩相恋也有一年多了，我们是在我找到工作的前三个月，在一个飘雪的季节相爱的。陈浩是一名自由摄影师，工作轻松又有趣，我在他的鼓励下，也开始去找工作。

恋爱初期，我们像两只草原上奔跑的菱角马，生活充满了激情与欢乐；没有忧愁，没有嫌恶，只有对未来人生的美好向往及当下在一起的喜悦。被杂志社录取后，我更加坚定了对未来的信心和期盼。

可是没想到看似体面高端的工作，竟然如此艰辛，难道是我太眼高手低吗？难道是我能力不足吗？我的学历和简历，我都认为我可以做一些撰写的文字工作，或者是负责一些专栏，没想到成了个跑腿的！工作日慢慢成了我的噩梦，就连休息日也不得安宁。我逐渐对这份工作没有了耐心，可是既然选择了，总需要先坚持一年。但我发现，这份工作带给了我一个除了劳累以外的，更大的问题。

我把在公司的忍让和劳累，转嫁给了我的男友。最开始的苗头，也只是每天小小的抱怨公司和同事。慢慢地，就变成了挑他的刺。回家见他在沙发上看电视剧，就叽歪他几句，说他不干正事，不收拾房间。下班他晚接了我几分钟，我就开始不开心使小性子。两人一起生活，生活中林林种种的小事情就开始因为我的情绪层出不穷。

开始时，每天的小撒娇，小拌嘴，不仅没让我和男友产生隔阂和不愉快，反而更加亲密。男友会每天哄我，安抚我的小情绪，也会觉得我的撒娇特别可爱。我们斗嘴，但是就像一对欢喜冤家一样，每天都伴随着开心和玩闹。

但是好景不长，这种斗嘴的玩闹渐渐变了味道。在我工作半年之后，我和他恋爱也已经近一周年了。我的压力不减，每天依旧对他撒娇耍泼。但是，我的“撒娇”从叽歪变成了斥责，从噘嘴变成了“你不爱我”这样的话语。

我们的斗嘴，慢慢演变成了争吵、演变成了不可遏制的怒火、演变成了眼泪和绝望。甚至我每次接我爸妈电话的时候，都会不耐烦，突然生气或者说些重话。我感觉我从以前活泼纯真的自己变成了一个刻薄刁钻的人，但是我自己却不能控制自己，而且我也疑惑，曾经每天会抱着我哄我的男友，为什么最近越来越不耐烦？甚至与我争吵、这样的伤害我呢？

前些天因为他和摄影顾客——一个姑娘的聊天被我看到，我便开始对他冷嘲热讽。他笑着说宝贝别闹，而我却不依不饶，依旧开始问东问西，最后逐渐演变成不停地说着分手吧你不爱我。终于，他遏制不住内心的怒火爆发了，又一次，我们大吵了一架。

我失去理智似地打他，他发了疯似地吼我。我已经数不清这是我们最近多少次吵架了，我只能不停地哭闹，他平静下来，无奈地看着我，不知所措。但是呢，这是什么大事？这件事情的起因只是因为一点点并不怎样的聊天记录而已。

“双双，”男友开口了，“我们不要再这样吵下去了好吗？

你曾经跟我说过，我们俩每天斗斗嘴，很开心，可是我们现在，已经不再是斗嘴了。你说的话，已经不再是普通的玩笑了。斗嘴是怡情，可是大吵伤身啊。你说你有梦想和未来，你要当个女强人，但是一个女强人首先需要学会的，是克制自己的情绪，积极地面对困境啊。"说罢，抱着我，擦去我的泪水，继续安抚着我。

是啊，斗嘴怡情，大吵伤身。当我们每次争吵之后，不管是和谁，都会在对方的心上烙印一块伤口。我做杂事，也是在为梦想铺路，哪个成功的人，没有一段辛苦的过往呢？而且扪心自问，我努力了吗，我更多的只是在抱怨和质疑而已。

这根本不能算是一个坚强、强大的女人啊。我不能再这么自欺欺人了，我也不能再这样伤害我爱的人和爱我的人了；我要好好重新审视自己，成为一个独立坚强肯吃苦的人，做个为有梦想，熠熠发光的人，而不是每天没用的无病呻吟和抱怨他人。

斗嘴怡情，大吵伤身。不仅是在恋爱中，在交往朋友，亲近家人的时候，更需要把控好自己的情绪，不让彼此的小打小闹，演变成无法遏制的悲剧之花。冷静、理智，才是一个强大的女性首要必须所具备的高尚人格魅力，把控你的情绪，便能把控你的人生。

做个坚强的大女人吧！不与世争无谓，不与人扯长短，切记八字——斗嘴怡情，大吵伤身！

赞美比抱怨更管用

23 岁那年，相恋三年的男朋友大中死活要和我分手。我哭得死去活来："这三年来，我没做过对不起你的事情吧？我对你不好吗？天天像伺候大爷一样对你，你竟然要和我分手？"

大中不为所动："你那完全是活该，你不是嫌我什么都做不好吗？你那么能干，你一个人就好了，要什么男朋友啊！"

我恨得牙痒痒，却没有丝毫的办法，只能去找我的闺蜜哭诉。闺蜜是个很成熟的人，她见证了我和大中在一起的三年时光，从他表白我答应一直到今天，闺蜜都看在眼里。那天晚上，闺蜜说去找大中谈谈，回来后，我急忙问她谈得怎么样了，闺蜜说我先给你讲个故事吧！于是她给我讲了她一个姐姐的故事——

闺蜜的姐姐叫涂涂，结婚两年，丈夫彬彬说什么都要和她离婚。当时所有人都不理解，彬彬对涂涂那么好，体贴有加的，怎么会要求离婚呢？当时涂涂妈去找彬彬谈心，这才搞清楚原因。

刚开始的时候，彬彬对涂涂确实很好，想方设法帮涂涂做家务。但涂涂是个心细的人：彬彬每次刷完碗，涂涂都觉得他刷的不干净，非要重新再刷一遍；彬彬拖地，涂涂嫌他拖得不干净，非要重新拖一遍；彬彬倒垃圾，她嫌彬彬笨手笨脚，把脏水滴在地板上……不管彬彬做什么，她都会嫌彬彬做得不好，然后自己再重新做一遍，弄得两个人都身心俱疲。

但彬彬还是想对涂涂好！

他知道涂涂每天都很累，所以他特地订了鲜牛奶，适合妇女喝的。他以为涂涂知道了肯定会很高兴地，没想到涂涂非但没有高兴，还很生气，她数落彬彬没有和她商量就擅自做主，嫌彬彬乱花钱。彬彬很郁闷，不知道自己订个牛奶哪里错了。

涂涂不管，非要他退掉，但是牛奶订了一年的，推不掉。于是，当送奶工每天早晨把牛奶送到家里面时，彬彬免不了被涂涂一阵数落。

涂涂会定期到超市去购物，彬彬心疼涂涂走路累，每次都放下工作开车送涂涂。他以为涂涂会感动，没想到一路上，涂涂都在指挥彬彬应该往那边走，走那边快，但当车卡在人流中时，涂涂又会在彬彬耳边唠叨，说要是自己走早就到了，说的彬彬火大。

好不容易到了超市，涂涂又会数落彬彬耽误自己的时间，好东西都被别人抢走了。购物的时候，彬彬听着涂涂抱怨食物是多么多么的不安全，听得彬彬没有了任何购物的兴趣。后来，涂涂买了一堆黯淡无光的大米和虫蛀的青菜回去，回到家一边择菜一边抱怨彬彬耽误了自己的时间，害得自己买了一大堆烂菜回去。

好心却办了坏事，彬彬心烦意乱，干脆关上房门图个耳根清净。涂涂又开始抱怨："什么时间了，还去房间，不能帮忙做点家务吗？我每天那么辛苦，知不知道体贴老婆。"

涂涂有洁癖，是个整理狂。家里的东西必须得照着自己想的来，稍微变一点她就会发火。彬彬是个北方汉子，大老爷们，随性惯了，东西老是随手乱扔。刚开始涂涂说他还会听一下，把东西整理好，但后来每次都听到涂涂的抱怨声，彬彬就很烦，故意不收拾东西，涂涂越抱怨他越不收拾，他就发现这样越有一种报复的快感。

跟涂涂在一起两年，彬彬几乎天天要被埋怨，他每天工作已经很累了，回家却也听不到一句好话。彬彬对爱情渐渐丧失了信心，他觉得这个世界上肯定没有一个人能让涂涂满意。她从涂涂嘴里没有听到多一句赞美的话语，有的只是无休止的抱怨，他觉得这样的日子像生活在地狱一样，不管怎么样自己都得挣脱出来。

　　搞清楚了缘由，涂涂妈妈劝小俩口好好谈谈，有什么问题提出来一起解决。彬彬去找涂涂，发现涂涂哭肿的双眼，心里有些心疼，于是他决定跟涂涂好好解决问题。那一晚他们促膝长谈，彬彬不好意思地和涂涂说："你以后……能不能多夸夸我？"

　　涂涂心里一紧。

　　他们约定一起生活半年，如果还不能适应彼此就离婚。

　　这一次，涂涂痛定思痛，仿佛变了一个人似的，不再抱怨。

　　每次看到彬彬乱扔东西，涂涂都忍住抱怨的冲动，装作看不见或者走开。她开始学着彬彬把东西放在自己随手可拿的地方，家里虽然乱点，但是却变得有了家的味道，彬彬也不再被埋怨。

　　涂涂还由衷赞美彬彬想得周到，第一次受到表扬，彬彬喜出望外竟然主动收拾起家里来。

　　现在涂涂每次下班以后不再急着做饭，而是洗个热水澡，换上一身干净的家居服，卸掉满脸的妆容，在沙发上休息一下看看电视等彬彬回家。彬彬到家后迎接的再也不是涂涂的抱怨，而是涂涂甜甜的笑容。看到涂涂改头换面的样子，彬彬简直如沐春风。

　　涂涂说想吃彬彬做的饭，彬彬受宠若惊，围上围裙精心的准备起来。忙活了好久，虽然厨艺平平，但涂涂却不停地叫彬彬大厨，叫得彬彬简直忘了自己是谁，还扬言以后做饭被自己承包了。

彬彬倒垃圾，脏水流了一地，涂涂也不再抱怨，而是献上香吻一枚；他们一起去购物，堵车的时候，彬彬就给涂涂讲笑话，涂涂笑得前仰后合；到了超市，涂涂也不再纠结什么安全问题，而是想买什么就买什么。两人逛得很舒服。

涂涂再也不是从前那个爱抱怨的涂涂了，相反，她现在除了夸彬彬，竟然变得很懒。家里很多家务做饭都被彬彬承包了，彬彬却觉得很幸福，觉得自己被需要了。

现在每天早晨，彬彬都会把早餐做好，把家里收拾得干干净净，然后再叫涂涂起床，两人一起吃一顿美美的早餐。彬彬也不知道从什么时候开始，变成了涂涂原来想要的样子。现在，夫妻两个又恢复成以前你侬我侬的状态，整天如胶似漆的，小日子过得很甜蜜。

闺蜜给我讲完她姐姐的故事后我沉默了。我终于知道大中为什么要和我分手了，我就像涂涂一样，从来都没有夸过他一句，无论他怎么对我好我都能发现里面的不好。那一刻，我感到十分的愧疚，我终于知道了，赞美其实比抱怨更管用，一味地抱怨只能让事情往相反的方向发展。

我决定去找大中好好谈谈，我一定要挽回我们三年的感情，我要告诉大中，其实他真的很好！

管住男人的胃才能管住男人的心

　　我是土生土长的江苏人，家里的独生女，有点任性。男友是湖南人，比我大几岁，在江苏工作，我们相恋两年了，感情很稳定，有结婚的打算。

　　男友是个大度、宽容的人，对我体贴细心，也愿意迁就我。我们相处得很融洽，觉得这样的生活新鲜又幸福，一度认为对方就是自己的理想伴侣。可是，这样的幸福持续得并不长，很快，我们的之间渐渐出现大大小小的问题，在一起生活变得不太安宁。

　　刚开始，我并没有太在意，情侣之间总会为这为那吵吵嘴，况且还是因为柴米油盐这样的小事，不足为奇。可慢慢地事情变得并不像我想的那么简单。因为工作时间的限制，做饭的重任就落在了我身上，我只会几道江苏的家常小菜，是我从小吃到大的，一直很喜欢，清淡健康，对皮肤又好，给男友经常做的也是这些菜。可问题就出在这些菜里。

男友口味重，喜欢吃辣，吃咸，这些我早就知道。以前一起在外面吃饭，也是他点他爱吃的水煮鱼，我点我爱吃的清蒸鱼，互不干涉，也挺好的。

但是现在和以前不同，两人在一起了，就得多在家吃饭，家里我掌勺，每天吃什么、怎么吃自然由我定。起先，男友没什么不满意，还夸我手艺不错，这样吃了一个星期后，他慢慢有点受不了，吃饭的时候，总有些微辞，不是嫌菜淡了没味道，就是说太甜了腻味。这些话我都没有放在心上，还怪他太挑剔，不知道做饭的辛苦，不懂得心疼人。我原以为他只是口头上说说，没太当回事。

可是，一个星期五的晚上，他却带回来一本菜谱，硬让我学做湘菜，我果断拒绝了。江苏小菜多好啊，营养健康，吃了不长痘还美容。湘菜有什么好吃的，辛辣刺激对肠胃不好，还影响视力，最重要的是，学做菜既费时又费力，还不一定学得会。因为这本菜谱，我和男友吵了一架。

男友觉得我只顾自己，不为他着想，不愿为他付出，一再要求我学做菜；我一直认为湘菜吃多了对身体不好，所以坚决不学，也坚决不做湘菜。而且我认为一个男人如果爱你，他就会愿意为你改变，愿意为爱情改变，一个男人如果连口味都不愿意尝试着去为一个女人改变，只能说明他爱得不够深。男友认为我说的都是谬论，是我不愿为他学做菜的借口。

之后的几天，我们谁都不搭理谁，渐渐陷入冷战。他仍然每天回吃家饭，只是越吃越少，我为了赌一口气，菜也越做越淡。我承认自己有点任性和自私，希望他能慢慢习惯江苏的菜、江苏的口味，为我和我们的爱情做出一点牺牲；作为现在的男友、以后的老公，这点奉献是必须的，我认为自己这样做没什么不对的。冷战的第三天，他主动找我搭话，试图和我讨价还价，被我一口回绝。几次交流无果后，他不再提这件事，我以为他妥协了，这事就算翻篇了，可是男人，远没我们想的那么简单。

我依旧我行我素，餐餐做自己喜欢的菜，自己一个人吃得欢快，他却吃的比以前更少了；我认为这是他对我无声的反抗，所以对他更加不管不问。

这样没过多久，他竟然开始隔三岔五地晚归了。第一次回来的晚，我没多问，公司偶尔加个班，以前也不是没有；第二次晚归身上有酒味，说是陪同事喝了两杯，我也信了；第三次晚归，我留了个心，竟然在衣领上发现了一根长头发，我一直是短发的，他的同事大都是男的，女的也没那么长的头发。难怪他不爱在家待着，难怪现在回来地越来越晚，难怪对我爱理不理，原来是外面有人了。

　　难以忍受的愤怒让我立即发作，当面质问他头发是谁的，是不是出轨了，什么时候出的轨，他不仅不解释，还说我疑神疑鬼，无中生有。这让我更加怒不可遏，对他拳脚相加，不依不饶，他觉得我无理取闹，不可理喻，最终摔门而去。

　　这是他第一次离家出走，也是我们冷战时间最长的一次。这期间，我冷静下来，给他同事打了电话，知道他这几天住在员工宿舍，也知道那天是我错怪他了。他们公司新来了位长发美女，是湖南人，烧得一手好菜，请同事吃过两次饭；男友是她老乡，两人口味相同，谈得来，接触的也比较多，那天的头发多半是她的。男友的人品我还是相信的，只是当时太冲动，有点口不择言，现在想想有点后悔，但碍于面子又不好主动示弱。

　　就在我犹豫不决、徘徊不定的时候，我们家隔壁，发生了一个事儿。一对夫妇离婚了，老婆是中国人，老公是意大利人，我一直认为他们是灵魂伴侣，跨越了国籍、民族和地域相恋结婚，却最终没能跨越口味这个横沟，无法忍受为三餐争吵的生活，选择了和平分手。这件事对我打击挺大的，我一直认为两人相爱是心灵上的契合，无关其他。但是，现在我发现我错了，爱情、婚姻和生活不仅与两人的心有关，更与两人的胃有关。

　　"通往男人心的路是胃。"张爱玲的这句话，我以前是不大认同的，现在觉得是至理名言。异国夫妇有不同的两个胃，老婆不会做饭，失去了通往老公心灵的路，最后落得离婚的结局。

我和男友也有两个不同的胃，平时我只顾吃自己爱吃的，勉强他陪我一起吃我爱吃的；只要求他付出，他为我改变，却从没想过自己可以为他做什么，为他付出什么，为他改变什么。所以，我们才会渐行渐远，争吵的次数也越来越多。所幸这个时候醒悟还不算太晚。

男友对我一向很宽容，再加上我认错态度诚恳，检讨深刻，我们很快和好了。但是这件事还没完，他的美女同事还是我的一个"心腹大患"，不仅长得好，还会一手男友喜欢的湘菜，就算现在没什么事，久而久之，她也可能慢慢用菜俘虏男友的胃，用胃直达他的内心。那个时候就真没我什么事了，男友早已经是别人的了，哭也哭不回来，光想想就后怕。

上次男友带回来的菜谱我重新翻了出来，又下载了网上学做菜的视频，照着上面学的有模有样；一个星期下来，收获不少，男友也说我做湘菜的手艺不错，还请他们同事一起来家里吃过饭。现在男友和我结婚已经三年了，我们感情一直很好，他也很少在外面吃饭，说外面的东西不好吃，我做的才地道。

前不久，有位女同事问我，我和老公爱情的保鲜秘诀是什么。我仔细想了一下，与其说是我用厨艺俘虏了他的胃、管住了他的心，还不如说是我对他更多的关心、更多设身处地的着想，真正打开了他的心灵之路，也为我们的婚姻找到了正确的经营之道。

第四章

熬过的都是对你的奖励

失败最怕坚韧的人

我活了二十年了，自认为尝过各种酸甜苦辣，人生百态。失败算什么？是小学打架打不赢隔壁的小黑？是中学数学永远班级垫底？还是高考失败、去不了所谓理想的大学？还是在大学里，依然被一篇小小的论文搞得焦头烂额？

所幸的是，我依然好好地站在这里跟你讲述我的故事。

过去的经历我已不想再提，辉煌也好，暗淡也罢，我都走过来了，都过去了，不算成功或者失败。如今我在一个算不上一流的大学就读，但是我很满意我现在的生活，我相信一种说法，大学不是终点，是起点。所以我既然高中没有好好奋斗，那么大学里我一定要对得起未来的自己。

我被眼花缭乱的各种部门社团组织吸引，凭兴趣填了很多表、交了很多钱，最后发现能坚持下来的原因竟然不是兴趣，而是一种坚韧的心。加入社团是因为兴趣，加入学生会是为了锻炼自己。待在学生会的时候，压力很大，来自很多优秀同伴的竞争压力，工作很多很繁琐。

我害怕每个学长学姐，小心翼翼地做着自己该做的事，我承认那段时间很窝囊。但是，看着很多比我优秀的同伴都选择了半路退出，我没有动摇我当初的决心，相反，我觉得我不甘心就这样作为一个基层的干事被安排。

但是，人生哪有那么多如愿以偿？那天我熬夜做的策划，转眼被部长转到大群里作为反面教材来进行批判，并且说出了我的名字。顿时，我的心已经跌入谷底，好像一颗火热的心被打入冷冰冰的地狱。但我无比钦佩那个时候的自己，隐忍着所有委屈重新写份策划案交给部长，还跟他道歉。如此的无坚不摧，才换来了我现在的地位，我成功地接替了他。

那天节假日回家，我发现我表妹仿佛一夜之间白了头发，我调侃道："看你这学习学得，真的是操碎了心啊！"表妹笑笑着挠挠头："姐姐，很丑吗？"我还没来得及回答，我妈就嚷嚷着："你妹妹是学习压力大了，哪能跟你相比？"转过身摸摸表妹的头发感慨道，"坚持这几年就好了。"我见表妹低下头默不作声，然后抬头报以微笑，我的心里一阵心酸，我仿佛看到了一个疲惫的曾经的自己。

吃过饭，发现表妹食量增加了不少，小姨说，她每周都会熬汤送到表妹学校，表妹可以很快喝完，她需要好的身体与充沛的精力去学习。看见小姨满足的笑容，我突然心疼起表妹来，她曾经那样挑食，别说是汤了，饭都不好好吃，是怎样的生活让她变得这样辛苦？

　　我走进表妹房间时，她正在写作业，见我进来了，转过头喊我："姐姐。""嗯，又在写作业啊？"我在她旁边坐下来，随手翻着那些我早已忘记也看不懂的数学资料，密密麻麻的全是数字、符号。"好好学，熬过这两年就好了。"表妹放下手中的笔，认真而期待地看着我："姐姐，大学好玩吗？是不是真的就不用写这么多作业了？老师也不管？可以随便逃课吗？""哈？你听谁说的？大学忙得很呢！课少，可是有其他的事要干啊，大学不仅仅是学习的。"

　　我看到她亮亮的眼睛，突然不想跟她谈论下去了："你好好写吧，我出去看看。"她顿了一会，转头喊我："姐姐，你过来一会儿，我想告诉你一件事，你不要告诉我妈啊！""嗯？好。""我这个月的排名下降了好多，可是我依然告诉我妈说我在一百名以内。我，我觉得很累，我是真的有在学习，可是为什么就是考不好？"我静静地听着，听着她的声音越来越小，听到她极力忍耐的哽咽声，泪水滴在书面上隆隆作响，晕开一朵又一朵美丽的花。

"我不知道要怎么办？我觉得我好失败……"

轻轻拥着她，拍着她的背，我问她："失败？你觉得什么是失败？因为考不进前一百吗？还是怕以后考不上一本？可是你姐我高中玩了三年，我高考前都觉得自己很厉害，到了大学我都没觉得我失败。当你觉得自己不行的时候，你才是真的失败，因为你已经不相信你自己了，你还要谁来相信你呢？"我擦擦她的眼泪，继续说："我啊，一直以你为骄傲，你不知道，我总是在我同学朋友面前炫耀，说我有一个很厉害的妹妹，在重点高中的火箭班读书呢！你可是小强啊，那么不怕死的动物，怎么能被这点暂时的失败打倒呢？"她破涕为笑："你把我说得太厉害了！""才没有，你一直很厉害！"

那晚跟表妹说了很多，我把我毕生的"鸡汤"全部灌给了她，只是希望她能更加坚韧勇敢。很多事，走下去就对了，熬过去就好了，如果她真有实力，缺的只是力量，我想，我推了她一把。

如今，我想说，我的表妹一直是优秀的存在，她用她的实力证明了自己，没有辜负小姨那么多年对她的悉心照料。

"姐姐，谢谢你啊！我发现大学真的没有我高中想的那样轻松，新的挑战来了，我想我会继续奋斗下去的！因为小强不怕失败啊！"笑着看完短信，我放下手机，看了眼电脑桌面弹出的对话框："要继续干下去的今晚开会准时到场，没有来的自动放弃。"我电脑里还放着很多废稿，尽管我修改了很多次，却依旧是废稿。

我不止一次在想，我努力了，真的努力了，如果还是失败，那就不能怪我了。可能是我不适合干这行，我放弃也好，反正那么多人都放弃了，反正我还有很多事可以干。

可是我忘了一件事，我总是对很多大道理夸夸其谈，但是付诸实践的却很少。我害怕失败，所以我避免了一切汗水，总是拿一些仅有的、自以为值得称赞的事例去鼓励他人。表妹会成功，不是因为我的一番话有多么大能量，而是表妹本身，就是一个不屈不挠、坚韧的人。而失败，最怕坚韧的人。当我走进那个会议室的时候，我斗志昂扬，汲取最初的教训，重新投入工作中，以饱满的精神状态修改稿件，当告知通过合格的时候，我心里暗自长叹，还好没有放弃。

同一件事，同样的机会，失败的人从来不会想为什么别人在山顶，而自己在山脚，他们只会怪事情太难做，自己运气不好而错过了机会。殊不知，是自己太过软弱。每个成功的背后都有着无人知的泪水与汗水，那是坚韧的心换来的喜悦；在不远的未来，若是你笑了，你一定会笑着感慨人生，并且无比感谢现在这个无坚不摧的自己。

珍珠是贝壳的涅槃

30 岁的我，有着一个幸福的家庭。一个可爱的儿子、疼爱我的老公、以及一群志趣相投的闺蜜，我的人生在这一个年龄段仿佛开始朝着一个很好的方向发展，以至于在某天的清晨，当我从被窝里睁开眼睛的一瞬间，竟感到些许的恍惚。从前生活的一幕幕放电影般在我的脑海中重播，那是我人生最宝贵的 30 年啊……

我出生在一个很不幸的家庭，过去的 30 年，我一直是这样认为的。我有一个平庸而没有出息的爸爸，一个辛苦养家的妈妈，还有两个比我小很多岁的弟弟以及整天神经兮兮的奶奶！

打我懂事起，我眼中的爸爸就是一个没有用的文人，整天无所事事流连于各大麻将馆，拿着妈妈辛苦赚来的钱心安理得干着赌博的勾当。在他眼里，他这种饱读诗书的人怎么能够去做一些下等人做的粗活呢！

　　我实在不理解他这种神逻辑，就像我不理解在某天的清晨他留下了一些生活费和一封信后就带着我妈突然消失得无影无踪一样。他在信中说找到了发家致富的门路，让我们在家里等着他们赚大钱回家，我不知道他们是不是真的能挣钱回家。我只知道从此以后我得照顾我那还在上小学一年级的弟弟以及步履蹒跚的奶奶了。

　　生活的重担一下子压在了我的身上，我得每天天不亮就起床做饭，然后送弟弟上学，还得做各种家务活，生活变得忙碌不堪，一团糟。爸爸留下来的那点生活费根本管不了多久，于是我和奶奶两个人在屋后的小花园开辟了一片菜地，种上了各种蔬菜，周末的时候拿去街上卖；平时走在路上会捡一些塑料瓶、废纸等拿去卖，再省吃俭用一下，邻居们时不时接济一下我们，如此能勉强维持我们的生活。这就是我过的生活，而那时候，我还只是一个读小学五年级的孩子。

　　我不漂亮，性格也不好。在同龄孩子中，我过于早熟，家庭的穷苦让我不愿也不敢交一个朋友。那时的我，瘦瘦小小，性格孤僻，没有人愿意和我做朋友。男孩子们经常欺负我，说我是没人要的野孩子，我常常会和他们打起来，我虽然是个女孩子，打起架来却常常很勇猛，经常把这些男孩打得哭着跑回家。久而久之，他们见了我也不会再像从前那样嘲笑我，相反地，他们会跟在我的屁股后面叫我老大，我的性格也变得开朗起来。这样的反转是我没有想到的，我更没有想到在以后的岁月里，他们会一直陪伴在我身边。

庆幸的是，我的成绩还算很好，大概是遗传了我的文人老爸的头脑吧！我理解能力很强，说好听点是智商高，所以即使我每天都那么忙，但我的成绩依然能够保持在前三名。说起来还得感谢我那倒霉的老爸，我常常想，要是我老爸能够把自己的聪明头脑用在哪怕是一点点正途上，我们家也绝对不会像现在这个样子。然而这些都是废话！

这样的生活一直持续到我初二那年。我那消失几年的老爸带着怀孕八个月的妈妈回来了，他们并没有像之前说的那样赚钱回来，反而他们回来使家里的情况更加困难。他们闭口不提这几年去了哪里，我也不想问，我唯一担心的就是家里的生计问题。十几岁正是少女的花季，当小姑娘们都细心打扮自己，看着各种言情小说时尚杂志时我却只能整日为了穿衣吃饭而忧愁。妈妈在生完小弟弟后没几天就出去打工了，我那没用的爸爸在家里带着孩子，我在学习之余，依旧打着零工赚点小钱。我就像是一枚贝壳，把所有的痛苦都咽在肚子里，期待有朝一日能结出一颗美丽的珍珠。

初中毕业，我以全年级第三的成绩考入了县里的重点高中，高昂的学费让我不得不出去打工，暑假的时候，我去了工地，求着老板让我在那做着男人应该做的活。我别无办法，家里的情况根本无法支付我的学费及生活费。我每天拼命地做着事，即使累得坚持不住了咬咬牙就过去了，我深知读书才是改变我悲苦人生的唯一出路。好在工地上的叔叔们都对我很好，有时会帮忙减轻我的负担，作为报答，我也会从家里做一些拿手的好菜给他们，他们会感叹我这么小的年纪就会做一手好菜，然而只有我自己知道，这完全是被逼出来的。

暑期结束，我拿到了几千块的工资，老板心很好，多给了我几百块，我很感激他。学费的钱终于有了！我怀着感激的心情走进了高中的大门，高中三年我发奋读书，心中唯一的信念就是考上好的大学，改变自己的命运。我把所有的苦累吞进肚子里，始终保持一颗乐观的心，将微笑带给所有人。

皇天不负苦心人，我最终考上了我心仪已久的大学。拿到录取通知书的那天，我在房间里失声痛哭，将这些年所有的委屈与苦痛都释放出来。我不知道的是，我那迂腐而又没出息的老爸在那晚之后也开始转性，不再整天的不务正业，而是专心地找起工作来。

走进了自己心仪的大学，我仿佛置身于梦中，无数次在梦中来过这里，这是这个繁华都市中静谧而又温暖的一角。我喜欢这个地方，因为我终于离开了那个贫穷而又偏僻的小镇！在大学里，我依然做着各种兼职，为了赚取自己的生活费整天四处奔波！大学四年，我穿着朴素，不施粉黛，我不是在打工，就是在打工的路上；其实我也想像普通的大学生一样过着丰富多彩的生活，然而生活却从来不肯给我这个机会！

我不停地做兼职，不停地看书，为的是能找到一个好的工作！当时只有钱对我才是最重要的！然而我长得不漂亮，身材也不好，我实在说不上来自己有哪些优点，所以我只能靠自己去努力！大学毕业后，我通过面试成功去了一家500强的企业，我做事认真，踏实，不争不抢，就像一头老黄牛，同事们都很喜欢我！

因为我的努力工作，三年后我被升为业务主管，而那一年，我碰到了我这辈子对我最好的男人——我的老公！他说很少见到我这样的女孩子，努力、踏实、坚强得让人心疼，让人想要保护！他说我就是一枚贝壳，努力地把痛苦往肚子里塞，最后却结出了美丽的珍珠。后来我们结婚了，他爱我、尊重我，让我坚强的内心也开始变得柔软。28岁那年，我生了一个可爱的宝宝，那个时候，我觉得自己仿佛是全世界最幸福的人。

前三十年，我曾一度觉得悲苦不堪，甚至于不愿去回忆。然而直到我生完宝宝，我突然发现，我不再对那些日子耿耿于怀了，相反，我觉得那是我人生中一笔宝贵的财富。老公说我是一颗明亮而耀眼的珍珠，坚强而又独立、自信又美丽。我知道，人这一生，只有经历过磨难，经历过生活的考验，才会有变成一颗珍珠的勇气。

我出身贫寒，没有美貌，但是我并不为此感到沮丧。我相信，珍珠是贝壳的涅槃，只要努力，只要始终怀揣希望，最终一定会变成一颗耀眼的明珠。

黑暗是最好的调味剂

第一次见到向阳，是在大一新生的开学典礼上，站在人群里的我望着在台上落落大方的她，心里好生羡慕。怎么会有这么优秀又这么好看的人啊！后来，在迎新晚会上我又见识到了她的另一个才能——弹钢琴。她身穿一袭白裙，端坐在钢琴前，手指轻快地在琴键上飞舞、跳跃，音符流淌开来，也流进了现场同学们的心里。一时间，她就成了我们学校的风云人物，一举一动都受到大家的关注。大学的生活并不像想象中的那么轻松舒适，每个人都在为自己的前途忙碌着，渐渐地向阳也淡出了大众的视野。

再次听到她的消息，已经是大二开学的时候了。她又一次成了同学们谈论的对象，不过这一次人们提及她时，更多的是同情和惋惜。我从室友口中得知：她暑假出去游玩时，不小心被毒蜂蜇伤了左眼，由于治疗不及时，导致她右眼也受到了感染。等到了医院，已经错过了最佳治疗时间。她的左眼完全失明，右眼只仅存了一点光感。天妒英才啊！我为她心痛。但学业太忙，也就慢慢地把这件事抛诸脑后了！

转眼就到了快毕业的时候，大家都在为找工作的事发愁。我也不例外，可是一直都没有找到满意的工作，那段时间心情很烦躁。老妈为了安慰我，就叫我去舅舅的琴行帮两天忙，缓解一下心情。我的舅舅可以算得上是年轻有为，三十出头就开了本市最大的一家琴行。我每天就主要给客人介绍一下乐器，日子过得百无聊赖。

无巧不成书，缘分这事儿啊有时候还真的很奇妙。我居然在琴行碰到了向阳，此时的她已经和以前大不相同了！听舅舅说，她成了行业内小有名气的钢琴调音师了！认识了向阳我才真正了解到，这世上真的有这样的人。就算命运对他们再怎么无情，只要还有一息尚存，他们都能再次站起来！

遇到了以前的校友，向阳也有些兴奋。于是，我们便顺道去了琴行旁边的咖啡馆，小坐了一会儿。

坐定后，我盯着向阳的脸不觉出了神。向阳的眼睛不仔细看，跟常人也没什么区别。大概是察觉到了我的目光，她笑了笑，缓缓地说："我的眼睛视力都丧失了，只有右眼还有一点光感。"我感到很不好意思，轻轻地说了声："不好意思啊！"

她轻轻地抿了一口咖啡，说道："没关系，我不介意的。上帝为我关上了一扇门，也为了打开了一扇窗啊。"听到她这么豁达，我也宽心了不少。

顺着她的话，我就把话题引到了调音上去了，"听我舅舅说，你现在在业内也是个名人啦！""哈哈，哪有。说起你舅舅，我倒是和他有一段趣事呢！"我的好奇心被勾了起来，问道："真的啊？说给我听听吧！"

向阳摸索着端起了咖啡，喝了一口后，便给我讲述了这一段往事。

"眼睛出事之后，我也消沉了一段时间。那时候也真是觉得自己太倒霉了，怎么就碰上了这种事？可是，抱怨真的是一点用都没有。我对自己说，向阳，你想一直这样下去吗？从此就是一个废人了吗？我听到我心里有个声音在说'不'！"她微微笑了一下继续说道："幸好我还有钢琴陪着我，我只是瞎了，但是耳朵还是好的啊！可是我明白我不可能成为一个真正的钢琴演奏家了！但是我也不想放弃钢琴，所以我就成了一名调音师。这也得感谢老天爷给我的这场灾难，我的听觉比常人灵敏得多！调音我也显得更有优势了。"

我听得出神，连忙问道："那也挺好的，但跟我舅舅有什么关系啊？"

　　向阳顿了顿，摇摇头说："事情没有你想的那么简单！一架钢琴，8000 多个零件，闭着眼睛一一触摸，再调出精准的音律，这本身就不是简单的事。更何况我是个盲人，能相信我给我机会的就更少了！我去了很多家琴行应聘，但是没有一家琴行愿意录用我。"向阳苦笑着说道："而且他们总把我当稀有动物看——盲人还会调琴啊？不会把钢琴弄坏了吧？我努力了很长时间，仍然没有琴行愿意请录用我。为了生存，我还改行学了盲人按摩。不过幸好遇到了你舅舅，他给了我机会，让我走进了这个行业。"

　　我挠了挠脑袋，说道："嘿嘿，你谦虚了吧！肯定还是你自己够努力啊！就算我舅舅拉了你一把，也肯定是你自己肯往上爬啊！那些顾客肯定也没少给你脸色看吧！"

　　服务员端上了一盘甜点，打断了我们的对话。我小心地递了一块绿豆糕给向阳，她轻轻地闻了闻，咬了一口。开口说道："这是城南勤仁路那家的绿豆糕吧！"我感到十分诧异："这你都知道啊？那么远你去过吗？"她做了个调皮的表情，说："恩啊，去过哦！我经常要上门调琴，所以市内一般的地方我都记得路。"向阳又给了我一个惊喜，我连说："太棒了，太棒了。除了夸你我真不知道该说些什么了！"

向阳捂着嘴偷笑："你不知道说什么，那我来说说吧！我在琴行上班之后，还发生过一件趣事。有一次，我按照服务单上的电话与用户联系。可是这个用户听说我是盲人，就马上要求换人。我就试探着问道："您认为盲人调琴怎么不好？"然后那个人就说："盲人不会拧螺丝。"我听了心里觉得好笑。于是，没有回绝他，也没有告诉他我是盲人。

如约到了他家，我凭着眼睛仅存的一点光感，一路跟着他走到钢琴前，连调带修干了两个小时。最后，客户试弹后很满意，并说他的两台琴以后都请我来调。这时啊，我告诉他我是个盲人。"

"然后呢？"我迫不及待地追问道。

"就这样，不打不相识，我和他成了朋友。他还给我介绍了不少客户呢！"说罢，我们俩都哈哈大笑起来。

这世上身残志坚的女性很多，顽强如海伦·凯勒、坚持如张海迪，向阳也是如此。上帝把她世界的灯全关了，她却把黑暗当成了自己生活中最好的调味剂。就像她的名字一样，向阳——向着阳光顽强的生长。正是这股子独立自强的劲头，使她长得更好更美。

祝福向阳越来越好！

过去不是枷锁，是动力

两个小时的时间，我从机场返回单位，她从机场返回 1800 公里远的家乡；我们就这样，在同样的时间里，跨越着不同的距离。

她是我的高中同学小蕊，那时候我们关系亲近得像姐妹一样，后来也是因为我到外地工作了，联系才变得不那么频繁。

趁着五一小长假，小蕊说要来我所在的城市看看我，然后逛一下散散心。

白皙的皮肤，轻盈的体态，一头乌黑又直的头发温柔地垂在双肩，她笑着向我迎面走来拥抱我的样子，至今仍清晰地浮现在我的脑海，就像她那天如春风般让人舒适的神态一般，久久挥之不去。

不过是一年半载不见，她的变化却大得惊人——得体的着装、大方的谈吐以及独到的想法。实际上我惊讶的不是她的变化，这基本是我意料之中的事情，我只是想不到会这么快！

我们是在高中认识的，而真正的友谊，是在一次偶然的谈话后。

和小蕊同座位后，因为她的温暖、上进、认真、执着、还有一种莫名的坚强，使得我一直想要和小蕊做朋友。所以有一次我俩相约去图书馆写作业，中午的时候，我父母来接我去吃饭，我就把小蕊一同叫去了，我想这是一次让我们关系更亲近的方式。

然而，事情发生的太突然，以至于我们俩的姐妹情谊是从一次感伤的故事开始……

父亲去点餐，只有我和母亲还有小蕊在餐桌等候。刚开始还有说有笑，后来我隐约发现小蕊表情不那么自然了。

"真羡慕你，可以和爸妈其乐融融的相处。"小蕊的一句话，引出了她伤感的泪水。

"嘿嘿，这很正常吧，大家都是这样呀。"我不以为然地回复小蕊。

"不是的……我上小学后，才知道我父亲的名字……"小蕊这句话说得太突然，我一时没反应过来，但是我知道话题不该继续了，应该先把饭吃了……

后来，很久一段时间后，我们再次谈起家庭的话题，小蕊才把她的故事讲给我。

小蕊很小的时候父母就离婚了，她一直和妈妈还有姥姥姥爷相依为命。两位老人身体不好，家里基本靠母亲一人支撑，从小就懂事的小蕊一直不敢向妈妈找爸爸，直到后来从老人嘴里听说父母早已离婚。

小蕊说父亲从未回家看过她，哪怕是电话的关照也没有。

"那你有没有找过他？"我小心翼翼地问她。

"没有，他有他自己新的家庭。他不来找我们，一定是不想我们打扰他，那我尊重他的选择。"小蕊轻描淡写地说着这些，可是眼睛早就开始泛红。

我想她委屈的不是自己没有一个完整的家庭，而是心疼终日为家操劳的母亲。

小蕊一直认为，自己懂事就是母亲最大的安慰，所以懂事是小蕊自小刻进骨子里性格。

后来，我听小蕊讲过这样两件事情。

有一年春节，小蕊和妈妈去买新衣服。因为生活拮据，她把买衣服的机会让给了妈妈，她的理由是妈妈要忙工作，还是要注意形象；自己还只是个学生，只要干净得体就够了。

事实上，我不止一次知道她身上穿的衣服是她妈妈年轻时候留下来的，好在款式简单不过时，很大方，偶尔还略显与众不同。

小蕊说，当时她心里挺难过的，尤其新年看到其他小朋友都是新衣服的时候。但是她觉得，母亲一直供她上学，不论有多难，都尊重她的想法和选择，也没委屈到她。至于衣服这件事，她很理解母亲，并觉得自己还是要多努力，在学习方面多提升自己，然后赚钱养家，给母亲分忧。这样的想法使得并不算是聪明的小蕊，形成了在学习上向来勤勤恳恳、坚持别人坚持不下去的、做别人不愿意做的持之以恒的精神。

另外一件事是有一次小蕊的姥爷脑梗住院了，因为母亲要工作，而姥姥年纪大了，一个人身体吃不消，所以小蕊每天中午和晚上都要去替姥姥，尽管只有一小会儿，但至少可以换姥姥一个午觉。

就在那段最要紧、最辛苦、最不如意的时间里，小蕊为了让姥爷快点好起来，竟然学会了好几样菜。

后来有几次到她家里的时候，都是小蕊负责掌勺，省了我们点外卖的钱。

小蕊身上有一种很特别的坚强，她的坚强，不会让身边的人心疼；她的坚强，不会让身边的人伤感；她的坚强，不是给自己包一个厚重的外壳。相反，小蕊的坚强，从来都是她前进的动力，从来都是她给别人正能量的源泉，也从来都是实实在在、温暖而又感染别人的一种精神。仿佛发生在她身上的不如意，需要她克服的过程，她都乐在其中一样。

所以，向来温柔体贴而又善解人意的小蕊，偏偏在大学读了人力资源。其实她感情细腻而又真实，不是很擅长人际关系，但是小蕊觉得，首先，既然这是自身的一块短板，那她愿意去克服并且挑战自己；再者，她希望自己的曾经，不是绊脚石，而是可以让自己踩着曾经站得更高、看得更远、结识更多的朋友，从而给自己和生活更多的机会和挑战，然后提升自己，使自己有能力养活自己的家。

每次和小蕊谈心过后，都像是被充了满满的电，而不是心疼亦或是怜悯；我觉得小蕊不需要这些，她需要的，是克服重重困难后全新的自己。

这次和小蕊见面，得知她已经是某外企行政部门的经理，并且很快还要升职，我一点都不惊讶，只是替她感到开心。而小蕊的母亲，早在家中照顾姥姥姥爷，打理家中事物，不再奔波于生计。

小蕊虽说经历了很多孩子不曾经历或者是无法承受的单亲童年，但她成功地将那些所谓的不如意转化为前进的动力。其实生活没那么难，我记得我的母亲对我说过，生活其实就是脚踏实地地过好每一分钟。不要空想通过努力奋斗想要的生活，而是要把行动落到实处，哪怕只是两个单词。

想想不无道理，生活不如意十有八九，很多时候，我们都在解决问题中度过分分秒秒，而解决问题的前提是我们拥有充沛的精力和清晰的头脑，这些都要求我们在困难来临时，不能退缩。

"天下无难事，只怕有心人。"恐怕总结的就是小蕊的生活吧。

回到单位，我打电话给小蕊，问她是否到家的时候，我打趣问她："小蕊，过去……你会不会觉得，如果没有过去，人生就圆满了！"

"不，过去不是枷锁，是动力！"小蕊简而有力地回复我。

同样的时间，成就不同的距离，人亦是如此。

所以我钦佩小蕊的生活态度，我庆幸有小蕊这样正能量爆棚的朋友。后来很多时候，小蕊那句"过去不是枷锁，是动力"成为我继续走下去的助力。

没有大伞，依然选择继续奔跑

一

初见到谢安然的时候，微微还是一个灰头土脸的傻姑娘。她来自湖北的一个不知名的小镇，160 的身高，永远穿着廉价的牛仔裤和 T 恤衫，扎着长长的马尾，怎么看都是一副土样子。

而谢安然是我们那个学校有名的美女学霸，唱歌跳舞样样精通，还说着一口流利的英语，中英文辩论赛从来都没有输过。毕业后，她就被多家国企相邀，日子过得风生水起。

知道谢安然这个人的时候，是在微微人生最低谷的时候。

那一年夏天，暴雨不断，家乡的小镇地势低，下了三天三夜的暴雨后，房子都给淹没了，家里的现金没能保住，贵重物品也全部被损坏。她的妈妈在电话里哽咽着说："微微，我们家的情况你也是知道的，你和老师说说，你们要交什么费用能不能晚点交呀？妈和你爸再想想办法啊！"

听着妈妈电话那头拼命想忍住的哭泣声，她心里难受极了，不想让家里为自己操心的微微骗妈妈说学校要交的费用已经取消了，让他们不用再担心了。但实际情况是，她的饭卡里早就已经没有一分钱了，身上也身无分文，还饿了一天，那个时候的她感到深深的绝望。

她挂了电话在蹲在路边默默流泪，就是在那个瞬间，微微看见了在公告栏里的优秀学生，其中就有去国外留学的谢安然。

个人资料里面介绍了她过去的种种经历。

她出身于一个农村家庭，小时候，家里很穷，姐妹又多，有时候甚至吃不饱肚子，从来没有听说过肯德基汉堡包这些东西。下雨下雪天家里只有一把伞，从来轮不到她，当别的孩子有父母接送，有漂亮的小花伞的时候，她只能在雨中奔跑，到了家，衣服全部都湿透了。但这样的人却一路从小村庄走进了这所人人羡慕的学府，并获得了免费留学的机会。

照片上的谢安然灿烂的笑容一下子感染了微微，她觉得自己好像突然看清了自己未来的方向。

而当时因谢安然重新振作起来的她，没有想到，有一天会和谢安然见面并成为朋友。

二

大三那年，谢安然跟着未婚夫回国顺便回学校看望导师，无意间从口中得知微微的消息，她决定去看看那个和自己从前的境遇相仿的女孩子。

导师给她指了路，当他到达自习室的时候，微微还在题海中徜徉。后来采访谢安然的时候，她告诉我，当她第一眼见到微微的时候，她仿佛看到那个为了梦想而奋斗的自己。

而那个时候的微微，正在纠结一道英语语法题，根本不知道是谁走进了这间教室。谢安然站在一旁看着她，没有打扰她。当很久之后，微微抬起头时，便看见了正微笑打量她的谢安然。微微回忆说："那时候我有些难以置信，一直在激励我的人就那样活生生站在我的眼前，我那时候的心情激动到难以形容。"

后来，谢安然与微微进行了一次长谈，并且讨论了许多英语语法专业上的知识。临走之前，谢安然告诉微微："我们都是没有伞的孩子，但是即使是这样也不要忘记奔跑。没有伞的孩子，依然要选择继续奔跑。"

从那之后，微微没有得到谢安然的任何消息，她只是更加努力地学习。每天疯狂地看英语书、听英语听力、练习口语，她所有的时间与精力都花费在学习上。

对她而言，读书是为了赚钱过上更好的生活，为了让家人衣食无忧，为了让爸妈去感受世界上不同的风景，也是为了给爸妈长脸。

现在，她又有了一个新的目标：她想去走谢安然走过的路，看谢安然看过的风景。

三

我们整个英语系，有钱的人很多，特别是那些花着父母的钱心安理得地挥霍还嘲笑拿奖学金人的拜金女。

在她们的眼里，穿不起名牌、用不起名牌、没有过硬的后台的人妄想谈论梦想是可笑的。她们打心底里看不起微微，觉得她这只丑小鸭还想着成为谢安然那样的白天鹅的想法是幼稚又好笑的。

只要逮着机会，她们就会嘲讽微微："看她又土又穷的样子，怎么和人家谢安然比，就她这样的，连给人提鞋的资格都没有。"

每次我听到这种刻薄又狠毒的话，想替微微打抱不平的时候，她都拉住我："我都穷成这个鬼样子了，哪有时间搭理她们，看着吧！总有一天我要过上她们望尘莫及的生活。我要让她们知道，人不可能一辈子都啃老的，到头来还得靠自己。"

四

微微的家境比谁都不好。

她们家在一个贫穷的小镇上，小时候她不仅没有玩具，甚至一年都吃不了几次肉。小学三年级开始就要学会做饭，送去给卖菜的爸爸妈妈。每次出门时看到同龄的孩子们做游戏吃零食，她会羡慕得直掉眼泪。

微微爸爸是个思想比较开明的人，她时常鼓励微微，女孩子多读书好，以后考上了大学就有可能走出这个贫穷的小镇，能够看到另一片天地。外面的世界很精彩，微微爸爸的这种思想的灌输，使微微从小就意识到读书才是改变命运的机会，也让她明白了自己所处的这个地方是有多么的渺小与贫穷。

十几年的磨炼养成了微微坚强独立的性格，生活上大大小小的事情她都能处理好。

还记得开学第一天，当我们的父母给我们交学费、拿书、收拾行李铺床的时候，微微一个人把所有的事情都处理得井井有条。她是我的室友，和她一起生活的四年，我不得不惊叹她超强的自理能力，即使是生病，她都不曾依靠过任何人。

关于要强，我相信，没有人能比得过她。

五

有一次学校举行了一次中英文演讲大赛，微微凭着较好的口语与口才，成功进入了决赛。决赛的前一天，由于连续的熬夜等辛苦的准备，她终于病倒了，我们都劝她休息，以她的能力，即使不用再练习也可以取得很好的成绩，但是她不听，仍旧打着电灯熬夜背稿子。

第二天，站在观众席上的观众只知道她如何在台上运筹帷幄，却从来不知道她在台下吃过多少苦。

我曾经问过她："你感觉累吗？对于你现在所经历的一切？"她告诉我："怎么会不累，但是很值得。像我这种没身份没背景的人，我只能靠我自己。我想靠自己得到我一直梦寐以求的生活。"

在大学的四年时光里，我看到了太多整天只知道逛街购物化妆的女孩子，只有微微四年如一日，为了梦想努力奋斗着，过着宿舍图书馆兼职三点一线的生活。

六

毕业后她自己进入一家翻译机构实习，因为是刚刚毕业的大学生，即使口语能力超强人家也对她存有疑惑。她提出的工作计划也经常被无情地驳回，连一般的翻译活动都参与不了。

当面对生活的低谷时，她不敢打电话回家告诉父母，却时常想起谢安然，想到了她曾经对她说过的话。这样想着，心中就会有一股战胜一切挫折的勇气。

好在一切的磨难总有到头的那一天。

微微用一次惊人的翻译成绩让所有人对她刮目相看，老板也开始重视她。因为微微做事努力认真，老板放心地把许多大的翻译交给微微，而微微都会完成得挑不出一点毛病。而老板对她也越来越信任。

从一开始的不信任到后来的越来越重视，微微的生活开始朝着好的方向发展，我真心替她开心。

几年后我在微信上向微微抱怨生活的琐事，微微告诉我她现在已经给父母买了一套两居室的大房子，也过上了能天天吃肉的生活，前几天还和父母商量带他们出去旅游。

她还告诉我几个月前去美国，在美国的街头遇见了谢安然，她现在已经是两个孩子的妈了，生活得很幸福。"她问我是否已经过上了自己想要的生活，我说是啊！生活越来越好了，我已经成了能够给父母撑伞的人了。"

现在的微微，虽然还没有成为谢安然那样的人，但是她现在的生活却是很多人无法达到的。我不知道当年那些嘲笑她的人现在生活得如何，但是我相信，她已经有足够的能力让自己在所处的领域里谈笑风生。

　　上帝总是偏爱敢于奋斗的人。即使没有大伞，也依然在雨中奔跑，总有一天，你会过上自己想要的生活。

做一朵铿锵玫瑰

　　大学一毕业，我和志同道合的贺梦就踏上了开往北京的列车，带上各自心爱的吉他，决心去追寻我们的梦想，义无反顾！不管父母的反对，我们毅然上路。

　　到了北京，在这个既陌生又神秘的城市，我和贺梦早已为了音乐梦想做好了吃苦的心理，分别将自己身上的钱都拿出来，将钱放进了一个红铁盒。成为北漂的一员，生活必须精打细算，寻了一处月租为3百的30平方米的地下室。第一个晚上，贺梦便跟我抱怨，说："这个房间太阴暗了，我快要喘不过气了。"我安慰她说："吃得苦中苦，方为人上人。早点休息，养精蓄锐，明天朝梦想发力。"

　　第二天，我和贺梦各自背上吉他，早早就坐地铁转公交到后海。后海是老北京久负盛名的消夏、游玩场所，游客众多，人人都称赞那里的酒吧别具一格。我俩心里带点小胆怯地走进了一家名为"左岸"的酒吧，问服务员这里还招不招驻唱歌手，他摇了摇头。我大胆地上前去留了一个号码给他，真诚地说："希望以后这里招人，你能够第一时间通知我，谢谢。"之后，我们又走进了6家酒吧，有的老板是直接拒绝，有的是试听我们唱完一首歌后摇了摇头摆手让我们走。我们乘兴而去，失望而归。

晚上的时候，我鼓起勇气对贺梦说："贺梦，要不我们也像其他流浪歌手一样在街头、地铁通道里卖唱吧？"贺梦听后又惊讶又愤怒，说："我可从来没有想过要这样子谋生，那太丢脸了，像行乞一样，我不要。"我试图劝服贺梦，想了想说："为了音乐梦，我不怕丢脸。何况在这里我们不认识什么人怎么会丢脸呢？"但贺梦仍然摇头。

就这样，我们在阴暗的地下室过了两天。

第四天晚上，我刚洗漱完毕回到房间，贺梦一脸正经地看着我，说："林熙，我爸妈原谅我了，说帮我在乐器培训机构找了一份工作，明天他们就来接我回家。"我停下了擦头发的动作，心里是百般滋味，一声不吭地盯住自己的吉他。贺梦有点急躁地说："林熙，要不明天你也和我一起回去吧，不要在这里过苦日子了。回到县城里，我叫我爸给你找份轻松的工作，好吗？"

　　我听了贺梦的话，心里很痛，痛的是贺梦根本不了解我对音乐梦想的执着。可是我并不想对贺梦说什么了，她该有她的选择。贺梦见我不回答，一边收拾行李一边生气地说："我是为你好才这样对你说的，你要知道在所谓的音乐梦想面前，舒适和温饱的生活才是真理。"我心里莫名的烦躁，拿起了吉他，夺门而出。

　　贺梦走后，我就开始了卖唱的生涯。每天早早去地铁通道占一个好位置，摆一个小椅子，抱起吉他，开始一天的生活。早上人们上班的时候，有的人会先看我一眼然后再往吉他袋里扔个一元或两元，可更多是人们昂着头大步流星地走过我的面前。

　　下午是我最开心的时候，因为往往会有两三个人停下来听我唱一会儿歌，尽管有的人没听完整首歌就走开了，我也很感激了。一天下来，多的时候有三十元，少的时候只有十元。在扣除一些必要的开支后，也发现每次存进红铁盒的钱都不超过十元。

　　一个月过去了，我交完房租后发现红铁盒里只剩五十元了，才意识到卖唱能给我带来欢乐，却不能维持我的生计。日子过得很苦，我甚至要为房租而苦恼。我不得不去找兼职，找了一份周末在超市搞推销的工作。

七月的第二个星期五的下午我正在地铁通道里卖唱，天突然下起了大雨并伴随着令人惊心的雷，行人匆匆忙忙地走进通道。我的手机响了，一接是房东梁大爷打来的，他说："小林，你快回来，水管爆裂，水淹了地下室，快回来抢救你的物品啊！"我听了之后，转头看到一道闪电，吓得我大叫了一声，将手机往口袋一扔。我愣了一会，将东西收拾一下，便直奔住的地方。

回到地下室，只见汪洋一片，我真是欲哭无泪，放眼望去，只有在柜顶上的红铁盒和笔记本免遭水灾。我卷起裤腿，来来回回好几次才把衣物和鞋子等东西捞出来，房东梁大爷在一旁用桶将水清理出去，我们两人前前后后用了两个小时才把水基本清理完。

一直到晚上的 11 点，我才把住的地方恢复原样，已累瘫在床上。此时，电话响了起来，伸手拿过，显示是李姐的来电，李姐是负责我周末推销商品的负责人。

我接通电话，说："李姐，你好，有什么事吗？"李姐说："小林啊，跟你说个事儿，明天你就不用来了。"我不解地问："为什么呢？不是说好做半年的吗？为什么现在就辞退我？"李姐有点生气地说："实话告诉你吧，我侄女放暑假，我叫她来上班，所以没你的份儿。你的工资我明天支付宝转给你，所以你不用来了。"我还想说的时候，她已挂机了。

　　我对着镜子里的自己笑了笑，心想没什么事情大不了的，工作没了再去找就好了，于是蒙上被子便呼呼大睡过去了。

　　第二天我醒得很早，正在思考要不要再睡个懒觉的时候，电话又响了。我看来电显示是陌生人时，犹豫了一下，接通，说："你好，请问哪位？"那头传来的是一个男性的声音，说："你好，还记得你曾留过号码的那个'左岸'酒吧服务员吗？我就是，我叫林超。"我有点惊讶地说："你好，林先生，有什么事吗？"林超说："'左岸'酒吧最近招驻唱歌手，你不来试一试吗？"

　　我惊喜地说："真的吗？我待会就去。"林超说："好的，待会见。"我说："嗯，万分谢谢你的通知。"之后我特意化了妆后去应聘。很幸运我成功了，酒吧老板说他正需要这样的一个歌手，还允许我在客人不多的时候唱自己写的歌。

　　接下来的日子，我不再去地铁卖唱了，按时去酒吧工作，有空的时候就待在地下室写歌编曲。这一次，幸运之神又再次光临我身边。

　　我在酒吧唱歌的时候，被老板的一位朋友吴凡点名收为徒弟。吴凡大我5岁，是北京很有名的音乐人，我跟他学习音乐上的东西，收获很大。一有空，我们就待在一块，他给我讲作曲上的学问和唱歌上的技巧，闲聊的时候，发现他与我的爱好几乎一样。我跟他说了这几个月我所经历的一切，他也告诉我他也曾经历过这一切。

两个月之后，他约我出来看电影，温柔地对我说："林熙，你是我见过最美的玫瑰。你不同于其他妖艳的玫瑰，你的性格与个性告诉我，你是与众不同的，是一朵坚强的、勇敢的、无畏的铿锵玫瑰。"

我只笑不语，吴凡又说："我很欣赏你，希望你可以成为我的另一半。"我听了这话，犹豫了好久，说："等我。"

半年后，我的一首惊人之作《流浪》被一位叫小红的歌手买下了版权，版权费高达10万。那位歌手因这首歌更是大红大紫，作为作曲作词的我也因此变得小有名气，开了一家属于自己的工作室。之后，我搬出了地下室，搬进了间一厅三房的出租屋，同时也将父母接来了北京。吴凡还在默默地等待着我，不久前我答应了他的请求，因为我真的成为了一朵铿锵玫瑰，可以承受生命里的日晒雨淋。

看见阳光就微笑

"我想说，怎么说，雨过之后的阳光，你微笑的样子很美……"慵懒的女声回响在卧室里，美妙而空灵，却散不开我心中的郁结。

因为啊，我投稿又失败了。

作为一名文艺爱好者、小清新资深者，一直觉得能够在杂志《花期》上发表一篇文章，就是我无限的荣耀了。如果能投稿成功，也无愧于我文艺爱好者的身份。可是，这已经是第五次了，投稿了五次，却还是颗粒无收。若是第一次，我还能安慰自己这才刚开始不着急，第二次也能想着可能是编辑看走了眼；到了三、四次，我心里隐隐约约便有些过度在意这件事了；而到现在为止，已经是第五次了，我的稿子仍被《花期》拒之门外。

可是，我的文笔包括故事结构，用编辑的眼光来看都是极好的啊，怎么就是不能达到《花期》发表的标准呢？这不科学！不科学啊！

越是这么想着，心里越是不爽。越是不爽，便也失了困意。

整夜未眠的我，泡杯咖啡，坐在办公室里。不一会，便被上司叫了去。

"傩曦，你是怎么做前期统筹的？"大 Boss 冷冰冰地望着我，正在我疑惑为何如此时，他将我的文案朝我甩来，文件在桌上发出清脆的"啪"声。

我诚惶诚恐的从桌上拿起文件，发现文件已经不是当初我交上去的那份，有些地方的关键数据均被改了。在公司干了几年，已算老人的我，顿时明白了——这是有人想要害我啊！目的我不知道，是想赶我出公司吗？可是我在公司没有什么明面上的敌人啊，还是说有谁看我不爽，恶作剧我一下，但这也过了啊。就在我思绪百转千回时，又听得老板讲："我看了看你近期的工作汇报，也看了看你最近的工作状态，我想……"老板停住了话锋，将贵妃椅转了半圈后，久久未接下去，就在我刚想要说什么的时候，老板又开口了："你自己递份辞呈上来吧。"

什么？自己递辞呈。老板这话说的，竟是，竟是要将我解聘啊！还是说老板这是想把我解聘，又不想付解聘费？

我心里不由得苦笑了一番，看来自己平常在工作上真是碍了某人的眼，让她竟想出这招来。

看着我怔怔地不说话，老板又说："傩曦啊，你别怪我心狠，你也是跟过我几年的老伙计了，但是，你近期心思完全不在工作上，而且有同事说你每天上班时间都在写小说。我是不知道你怎么想的，但上班时间就做上班时间的事，这你不是不知道，公司规章制度也有明确规定。现在既然你把小说看得这么重，在上班时间不务正业，那你还何必上我这班，直接去好好写小说得了。还有你这性格，已经不止一个同事和我戳你的坏来了。你也知道三人成虎的故事吧，我也不是圣人，能留你到现在，也是尽了心力。"

这是什么话！我从心里扬起一抹愤怒来，我不是没为公司办过大案子，每次办完后，谁不羡慕我，搞半天，这竟是我的催命符。这般想着，望向老板的目光也开始不善。

"傩曦啊，别这样盯着我，你要是不想递辞呈，我会给你工资的，还有遣送费，不会少了你的。让你自己递是为了顾全你的面子，你要是不要，那只好我这单方面……"

"不用了，老板。"我看着他那虚伪的做派，怒声道，"此处不留爷自有留爷处，辞呈也是没什么必要再写了，下午我就会离开公司。谢谢您老这么多年的栽！培！"最后一句话，我咬着牙缝，一字一句，抑扬顿挫。

"我早知道你是个识时务的人，下去吧。"

听罢，我转身便走了。

回到办公室，一边清理我的行头，一边不禁陷入了沉思。

我竟是因为小说的原因被要求辞职，现如今，小说却是一篇也没发表。没有任何成果的我，竟因小说而毁了我正当红的事业，这样想着，心头便涌上一股气愤。

怎可如此待我！我怎么就像是跌落在泥坑里的人，上不去却又不甘心在坑底，这都是些什么事啊！一边想着一边烦躁地走出办公室。

抱着一个大盒子，走在街上，心里不禁有些戚戚。

这便是这些年里，我的所有行头。不说花了全部的心思在公司上，但也绝对是费心费力。结果呢，当我被流言侵扰时，公司竟是一脚将我踹开，不问是非。这般做，也着实太寒我心了。或许这其中也有我自己的原因，可是……

到底是意难平。

轰隆——

天上突然现过一道闷雷，我看着这逐渐转阴的天气，心里不禁骂了起来，怎么连天气也变坏了，这都是在和我作对吗？

我今天怎么这么不顺，招谁惹谁了！明明刚刚万里无云，哪有什么下雨的迹象，现在倒好，从晴空到乌云密布只一会儿工夫。这般想着，匆匆走进附近的一个地下人行通道，哪料我刚一走进去，雨就淅淅沥沥下了起来。

躲进了地下人行通道，想到这一天的遭遇，不由得心气不顺。我这是遭了什么孽，竟狼狈至此，这样想着，不禁有些自暴自弃。然而这时前方传来的一阵歌声，让我情不自禁地走上前去。

"我想说，怎么说，雨过之后的阳光，你微笑的样子很美…"

是那个慵懒的女声！在这个下雨的黄昏，她一个人抱着吉他，闭着眼睛，靠着墙，向众人分享她的音乐。她不在意别人是否驻足观赏，依旧自我弹奏着，我不由停下步伐。

我知道地下歌手的不容易，她为了她的梦，可能放弃了很多舒适的东西，又有谁知道呢？可是看着她现在身处人潮拥挤处，却怡然自乐，潇洒的演奏着她的梦想，让我从心里升起一种敬意。我望着她很久很久，想起年轻时候，怀揣着一颗作家的心，却迫于现实的阻碍，而现在，这层束缚也没有了，是否……

我的眼眸突然亮了起来。

是的，现在可能正是转机，而我能不能抓住命运给我的绳索，也全看如今了。

过了好久，雨停了。走出地下通道，看到外头徐徐升起的日光，我不由得笑了起来。

一年后。

"天才作家的诞生，你还没看过她的作品？ out 啦！"

"炒作 or 实力，女作家傩曦的独家揭秘！"

……

时隔一年，在初时的打击和抱怨声里，我看到了之后自己可能的发展方向，而那个女歌手，则是我下定决心这么做的动力，我想，失败了也没什么大不了的，再坏不过那时。这样坚持着，竟取得了如今的成果。我想，人啊最可贵的并不是一生中都没有经历过挫折与磨难，而是经历过这些，在看到希望时，依旧能心怀感恩和微笑。

望着窗外和煦的阳光，一如那时雨后日光般温暖，我不禁绽开了笑颜。

第五章

有刺的玫瑰最鲜艳

自给自足的安全感

和尹的结合是我做过的最错的决定，但也是我人生中至关重要的一课。

尹是我高中时的学长，他在放学的走廊里注意到等闺蜜的我、在路过我教室的窗外悄悄注视着我，我并不知情，直到他给我的第一封书信。尹长相还不错，算是比较俊的那种，家庭条件也很好，父亲经商赚了不少钱。

但当时的我关于恋爱的想法总是怯生生的，我的家长算是比较传统的，关于所谓的早恋我是完全不愿意去付诸实践的，况且在我眼里尹不过是刚刚认识的学长。最重要的是我那颗小小的心里偷偷装着另外一个人，所以我果断地拒绝了尹关于交往的请求。

但他似乎并未放弃，总是时不时地出现在我的生活中，直到他高中毕业。后来的我们并没有过多的交集，我听说他毕业后就出去打拼了，之后又自己创立了一家属于自己的小公司，公司发展还不错；再后来他在市中心买了两套房子，又买了属于自己的车。而我则高考失利，上了一个普普通通的大学，修了一个普普通通的英语专业。

尹再次追求我的时候我读大二，那时我对他的了解也不过是以上这些，虽然对他自身的条件有些心泛涟漪，但当时还算理智的我明白，自己要的并不是这些，所以依然拒绝了他。那年年尾，因为父母生意上的坎坷，我家里被一群要账的人闹得没法过年，无奈之下父母找舅舅和其他的一些亲戚凑了钱勉强还了一些账。后来父母的生意也一直不景气，我和弟弟读书的费用更是给他们增加了许多压力，于是我挣扎着退了学。

在家的我渐渐发现自己并没有经商的天分和能力，对于家里的状况来说，我的退学也仅仅是为家里减少了一部分开销而已。初入社会，面试入职处处碰壁，二十出头的我自以为承受了社会中过多的压力，体会到了处于社会中渺小的我们是多么无奈……而现在想想也不过是当时的自己比我的同学们早了两年面对这些本该面对的问题罢了。

那时候尹安慰我说："社会本就如此，不过是学生时代的你太过天真而已。但是没关系，你要是累了，我这里永远是你温暖的家。"我没有作答，但内心却早已动荡不安，是啊，人生已是如此艰难，我一直追求的理想爱情又该如何支撑？所谓的有缘人还有机会出现在我的生命中吗？

日子对当时的我来说依旧诸般不顺，而尹对我的追求却日渐加深。闺蜜对我说："如果现在将就，便会将就一辈子！"我回答她说："生活已经如此，我还能怎样选？"

我刚和尹在一起的时候他待我非常非常好，几乎是百依百顺。他说在他心里我就是女神般的存在，他等了这么多年，努力了这么多年，终于等到了我。对于他多年的等待，我着实感动。婚后我们的生活在外人看来是非常幸福的，虽然不是小说里豪门般的生活，但对普通人来说也算是极度舒适安逸了。

他不让我干一点儿累活，也不用我出去工作，只需要我一心一意对待这个家就够了。经常有同学调侃我说："学历高不如嫁得好"，但我内心总会感到隐隐的不安，就如同婚前的我完全依靠父母一般，婚后的我只能依靠着尹——那个爱我的丈夫。

女人依附一个男人久了便很难再离开他了，以至于他也逐渐认为自己就是你生命中的全部。确实，那时习惯了有他爱护的我没法想象自己离开他之后该怎样过活，而他也明白自己终于完完全全得到了我；他清楚地知道我是不会离开他的，也无法离开他。因为房子是他的，车是他的，这个家里所有所有的一切都是他的，我若是离开了他便将一无所有。

从渐渐相处到了解到越来越熟悉的过程中我们更多地展现着自己，同时也更多地暴露着自己。作为一个家庭主妇的我表现出来的不自信与不安在尹的心里无限地放大，同时我在他心里女神般的形象也逐渐不复存在。

于是他对我日益冷淡，有时总是和朋友玩到深夜才回家，甚至夜不归宿。我感受到他对我态度的巨大变化后便更加不安，随之而来的便是我们无休止的争吵，而争吵不仅于事无补，更加剧了我们之间的矛盾。尹说我变了，变得不像原来的我了，不仅管得宽还爱无理取闹。

不久，尹向我提出了离婚，最初我还抱有希望，以为他爱了我那么久不会抛弃我的，但后来发现他爱的永远是他心目中那个所谓的女神。于是我说："你根本不爱我，你爱的不过是自己想象中的我罢了。"就这样，我结束了自己和尹残喘一年半的"幸福"婚姻。

离婚后尹又娶了一位女子，是他的前女友。那时我才知道自己一点儿也不了解他，对他最初奋斗创业的那几年所渡过的时光我一无所知，期间他经历过什么我也一无所知。而我也从来都没爱过他，我与尹结合，爱的不过是舒适安逸的生活和不劳而获。

在闺蜜和大学时期自己对英语的兴趣的鼓舞下，我拿着自己存的钱去了一家英语培训机构。那段时间我半工半读，进入了魔鬼般的英语学习模式。最开始的一段时间练口语练到嗓子沙哑，但我发现嗓子撕裂般的疼痛和专注学习无暇分心的状态使我忘却了离婚的狼狈与心灵的痛苦。

可能是因为自己大学时期便有的英语基础，在度过最初几个月的艰难时期后我的学习变得得心应手，进步的速度也逐渐加快。两年内我上完了全部的课程并且留下来实习，现在的我是这家英语培训机构的口语老师，工资待遇加上福利一切都还不错，上课之余我会和闺蜜去练练瑜伽健身，节假日也会出去度假旅游。

闺蜜说终于在我脸上看到了久违的笑脸，而且整个人的气质都不一样了，真是满满的元气少女呀！我说："都是奔三的人了，还元气少女呢，不过是比以前自信了很多而已。"

后来我再次碰到尹的时候他说我这么多年依旧没变，还和他刚认识我的时候一样美。我有些尴尬地笑了笑问了些他的近况。他说公司还是照常地运作，工作依旧很劳神，妻子在家带孩子也时不时地唠叨他几句，没什么特别的。我说我也一切还好，同事和朋友对我都很体贴；我遇到了我的那个他，我们有共同的兴趣，所以日子也不会无聊。他说看我过得幸福，真好。我点了点头，答过谢谢，于是就此分别。

我过得幸福，真好。我开始感谢尹给我上了这样一堂课，不然我也许不会遇到我理想中的爱情，也许不会过得像现在这般内心安稳。

妙计藏在沉着冷静里

北方的深夜，冷风呼呼地刮着。

三年前，我一个人孤身北上，来到北京打拼。从一开始的雄心壮志到现在的身心疲惫，无休止的加班已经磨灭了我对于生活的热情，每次看到镜子里的自己，我都怀疑：这真的是我吗，这个眼睛里一片灰暗的人？当初那个双眼明亮的女孩子去哪了？

又是一天晚上，我依旧加班到深夜，走出公司大门，我裹紧了身上的黑色羽绒服，天空中不知何时开始飘落起零星的雪花。我摸了摸包，今天居然忘记带伞了，没办法，只好用羽绒服上的帽子来遮挡一下。刚戴上帽子，我不禁暗暗发笑，这样看起来就像一个盗匪一样——黑色的羽绒服，黑色的帽子，背后还背着一个鼓鼓的黑包。

我顶着风雪快步走着，眼前就是那条熟悉的窄巷，黑乎乎的。

每次走到这里，我的内心总是充满了忐忑不安，这条巷子后面就是我的住处，是我在这个城市里唯一的安身之处，但是它是那么黑那么长，仿佛看不到尽头一样。

我深吸了一口气，将冻僵的手揣进口袋里，快步走进小巷。

刚走没多久，我似乎听到了身后传来了轻微的脚步声，会不会是雪下的大了，我听错了？我疑惑地将头微微转过，当时心里便咯噔一下，不好，果然有一个人。

那人也穿着一身黑色大袄子，头上似乎裹了一个巨大的围巾，看不出是男是女。我有点慌张，但转念一想，说不定是和我一样晚下班的人呢，也许还是住在这条巷子的居民呢。

我轻轻呼出一口气，看着它变成白雾飘散在冰冷的空中，又不经意地朝身后一瞥，却发现那人似乎也正好是在看我。我内心默默地安慰自己："没事的没事的，马上就到家了。"

转过几个巷口，身后的脚步声依旧在，我越来越紧张，并且还发现，那脚步声似乎是在随着我，我快他也快，我慢它也慢。

脑海里突然浮现出公司里的一个同事给我讲的一个故事：她老家在一个三线城市，治安不是很好，街头打架斗殴常有的那种。有一次有个小姑娘深夜回家的时候，被一个陌生男子跟踪了，那小姑娘也没注意，就在路上走，结果转了个小巷子就失踪了。几个月之后在一个垃圾焚化厂里发现了她的尸体，身上所有的器官都被挖掉了……

我越想越紧张，心脏砰砰跳，似乎都要跳到了嗓子眼，这一块地方我又没有什么认识的人，又不能打电话求救，这可怎么办才好啊？

对了，那位同事在讲完这个案件之后又说过什么来着？我突然灵机一动，停下了脚步，掏出口袋里的手机，压沉了嗓子大声说道："老爸啊，我快到家啦！什么？你出来接我了？"说完我又朝后瞥了一眼，那人竟然也停下了脚上的步子，站在离我不远处。

"哦对对对，我在这里。"我接着说，努力隐藏着自己声音中的恐惧与慌乱，"恩，我边上有个黑衣服的人。你看到他了是吧，好的我马上就过来！"我转过身继续往前走去，背后果然没有了那阵轻微的脚步声。

我轻轻喘了口气，那位同事在讲完那起案件后，曾说过一段话——"所以女孩子啊，还是要警惕一些的。万一真的遇到这种事情，千万要自己机智一点，装作给家里或者男朋友打个电话啊，就说已经快到家了，下来接一下之类的，千万不要无动于衷。不然尾随的人一看，哦，就挑这种人下手。"

我现在无比感谢那位同事，多亏了她不经意间的提及，不然今天说不定就要倒大霉了。我内心的慌乱还没有完全平静，于是加快了脚下的步子，想快点到家。

突然我无意识地回头看了看，天啊！那个人像个幽灵一样，不知何时又来到了我的身后！

内心顿时涌起一种绝望和后悔的情绪，我当时为什么不听爸爸妈妈的话，留在老家那个安详宁静的小镇，为什么要独自一人来到这里。如果当时没有那么坚持，是不是就不会有今天了？

我摸了摸口袋里所剩无几的现金，又想到了老家的父母。他们年纪都大了，只有我一个女儿，万一发生了些什么事……我不敢去想。

不行，我得冷静下来，想想怎么脱身才是，眼前恍惚已经看到了远处楼道下的朦胧灯光，突然心生一计。

我停下了脚步，转过头去对身后的那人说道："大哥，这条路好黑啊，我好害怕，我们一起走吧。"说完顿了顿，"我爸爸就在前面楼下等我呢。"那个人陡然拉下脸上裹着的围巾，露出一张女人的脸："唉呀妈呀，你是个女孩子啊！你刚刚打电话的时候我还以为你是个男的，怕得要死！"

没想到一直跟在我后面的居然是一位中年妇女，她拍了拍胸口，说："吓死我了。姑娘不好意思啊，我刚刚还以为你是强盗，所以一直都不敢离你太近，只敢跟在你后面远远的走。"

我擦了擦额头上的冷汗，蹲下来深深地吁了一口气，问道：
"大嫂你也住这边啊？"她答道："是啊，就这前面一点，这
个巷子真是吓死人了，晚上连个灯都没有！"

"是啊是啊，我刚刚还把您看成个大哥呢。"我尴尬地笑笑，
没有说出我心里的那些令我自己都毛骨悚然的想法。心想下次
如果遇到这种事情，不能再像这次这么慌乱了，人越慌乱越急
就越容易脑子短路，沉着冷静下来说不定能够找到安稳的脱身
之法。

沉着冷静不仅是一门生活艺术，更是一种生活的态度。凡
事遇到困难、挫折，为什么不静下心来想想，其实还有另一条
路可以走呢？

人的一生总要遇到一些惊险的事情，它们往往让我们防不
胜防，这时候，就需要我们能够沉着冷静地去应对。时刻保持
头脑的清醒，才能找出最佳的解决方法。同时，遇事不惊、临
危不乱也是人难得的品质，沉着、冷静、豁达也是我们永远的
人生财富。

天上不会白掉馅饼

　　大学毕业已有几年了，可我仍然没有找到稳定的工作。虽然之前在外省找了一份工作，但是很辛苦，工资不高，也没什么发展空间；家里人也觉得，一个女孩子在外工作实在也是累，就叫我回家看看能不能找到什么工作，于是做了几个月我就辞职了。后来我又陆续找了几个工作，但都不怎么理想。所以，现在我待在家里没有事情干。但我在家里没去工作，隔壁邻居已经渐渐在说闲话了；我自己也有些不好意思，于是这几天我连续投了好几份简历，但是一点音信都没有。正当我无可奈何干着急的时候，我接到了好朋友小羽的电话。

　　那天吃完早饭我就出门了，想去找找看有没有什么事做，我想就将就着找一份工作先干着，免得隔壁阿姨婶婶们说闲话。出门问了一圈，都没有什么工作可做，我失望地往回走。半路上，我接到一个电话，来电显示的号码是个陌生号，我一想，没准是我投的简历有结果了。我激动地接了，我还没来得及出声，手机那头突然喊了我的名字，我愣了一下，手机那头又传来一个女人的声音："是我呀！我是小羽，你不记得了？"我一听，原来是小羽啊。

小羽是我高中时的同学，我们从高中起就一直是好朋友，到大学之后，虽然我们没有在一个学校上学，但是我们还经常联系，假期有空的时候，我们也经常一起出去玩，但是大学毕业后这一两年，我们都没怎么联系了。我曾经打过几次她的电话，前几次都没人接，最后一次倒是有人接了，但是是个男人接的，说我打错了，这是他新办的手机号。原来小羽换了手机号，她却没和我说，我还为此不高兴了好几天。后来转念一想，也许小羽也在为工作焦头烂额，没时间联系我们这些朋友吧。

我连忙回答说："呀，是小羽啊，你还好吗？这两年都没见你，我给你打过电话，你换号了怎么也不和我说一声啊？"手机那头的小羽爽朗地笑了，说："是啊，都怪我，换了手机号也没来得及跟你说，一工作，忙起来就忘了。"我们相互寒暄了一番就聊到了最近的工作，我告诉小羽，我正在为工作发愁。

她听了笑着说："你早说呀，我这正好有份工作，可轻松了，工资高，还可以入股，每年都还有分红，这一两年我也赚了不少。我看，你就来我这里吧。"我一听工作轻松、工资高，马上就动心了，又想着小羽是我的好朋友，应该不会骗我，就立马答应去她那里看看。小羽又继续说了一些"那个工作多么好，许多人都想去"，她就想着我，最后，她说她工作忙，过两天等我到了她那里，她会让人来车站接我。

　　过了几天，我简单收拾了一下自己行李，就出发去找小羽了。到了车站，我给小羽打电话，告诉她我到了，她说早派人去车站了，让我等一会儿。我在一旁站了一会儿，就过来一男一女，问我是不是来找小羽的，我一看，这小羽莫非真的找到好工作了，还派两个人来接我。我连忙说是，他们就说带我去公司看看。那个男的帮我拎着行李，那个女的走在我旁边跟我说话，说他们公司怎么好，显得很热情的样子。

　　渐渐的，我们远离了车站，走向一个比较偏僻的居民区。我不禁有些起了疑心，就问了问那个女人："你们公司在这么偏僻的地方？"那女的连忙说："不是，公司怎么会在这种地方，这是我们临时的居住区，我们先把你的行李放好，再去公司。"

　　我稍微放心了一点，走了一会儿，我想拿出手机看看时间，那个女的连忙把头凑了过来，我有些不好意思的把手机收了起来，说："我看看时间。"那女的笑了，对我说："我们公司不允许用手机，你把手机给我保管吧，等你看完公司出来了我再还给你。"

　　我有些不乐意了，说："我家人给我打电话我总要接呀。"
"不怕，有电话来了，我会让你接的，短信也让你回，只是暂
时保管一下，会还给你的。你是小羽的朋友，我还会骗你不成？"
那女的又说道，我没办法就把手机给她了。

　　到了他们所说的临时住所，他们说还有几个人在那里等着
应聘，让我去见见他们。进到那间屋子里，那里还有几个人，
我一眼就从中认出了小羽，那还是从前的小羽吗？我认识的小
羽是个特别爱打扮的女孩，总是把自己收拾得干干净净的，脸
上总是带着笑容，可现在呢？

　　我眼前的小羽看上去十分的糟糕，头发干枯发黄，没打理
好，有些乱，脸色不好，衣服皱巴巴的，整个一个黄脸婆的形象。
我猛然醒悟到自己受骗了，这么老套的骗人伎俩我竟然没有发
现，网上、新闻上总在播放的传销组织的"熟人骗熟人"的案例，
我看了很多，没想到自己还是上了熟人的当，都怪我。太想找
一份工资高又轻松的工作，怎么会有天上掉馅饼这种便宜事呢？

　　我想跑走，但那个来接我的女人一把将我拉住，那个男的
"嘭"的一声关上了门，还上了锁。我大声叫了起来，那些人
就特别凶地吼我，不许我喊，小羽也不停地劝我不要叫了。我
本来就是个脾气比较暴躁的人，一听她这么说，气从中来，指
着她的鼻子骂了起来，她也不还嘴，就站在那里让我骂。

　　骂了半天我都累了，小羽也不作声，那些人也就站在一边看。我想，反正暂时我也没办法逃走，不如先待在这里再慢慢想办法逃走，还好我来的时候跟爸妈都打了招呼，他们都知道我去了哪里。我也说了只待一两天，还说了到了就联系他们，过个一两天没有我的消息，他们肯定会着急找我的。

　　我告诉他们说，我的爸妈知道我去哪里了，会给我打电话的，说不定还会报警什么的。那个接我来的男人有些犹豫了，但还是警告我老实点。我不理会他，他就叫小羽来"带"我，还让另一个女人看着我们。

　　我们所在的这个地方非常简陋，小羽把我带到她们住的地方，就在隔壁的一间房里，棉絮铺在地上，看来他们夜里就是打地铺睡觉，他们又让我去"听课"，其实就是洗脑，我哪能信他们那一套，根本就不理他们，他们还套我的家庭住址和父母的名字，我就随便给他们报了个假的。到了晚上睡觉的时候，小羽睡在我旁边，那个女人就坐在一旁的凳子上还盯着我们。

　　半夜，我见她们都睡着了，喊醒了小羽，我又不敢大声责备她，怕吵醒其他人；又有些同情小羽，说不定她也是被骗的。我问她她是怎么来这里的，她伤心地告诉我，她也是被骗了，毕业后一年了，她也没有找到工作，突然有个电话说她被某公司录用了，工作轻松、待遇优厚，她一动心就来了，没想到是传销。后来传销组织要发展"下层"，她必须要完成任务，只好找了我。

第二天，我爸妈来电话了，估计是想问我情况怎样，那个收我手机的女人想给我接，跟我说要"好好说"，可是见我不是个老实人，又不敢给我接，只好挂了。我又一次跟他们说："我说了，我爸妈知道我来这里找小羽，你们不放我走，他们真会报警的。"那女人有些犹豫了。

第三天一早，他们很早就喊我起来，说让我走。趁天还没大亮，他们派了人送我去了车站，还给我买了票，直到看我坐火车离开了，他们才走，但他们始终没有把手机还给我。

下了火车，我连忙给爸妈打了电话，我爸妈一听，都吓坏了。我爸担心之余还有些生气："老人常说'天上不会掉馅饼'，你们就是贪便宜，才会上当，现在骗子有各种各样的伎俩，你们女孩子尤其要注意保护自己。还好这次有惊无险地回来了，要吸取教训，提高警惕，要记住'天上不会掉馅饼，地上只会有陷阱'这句老话，祖宗说的话还是有道理的。"

最好的武器是自己

外面的天空还是透露着一股子说不出的沉郁，一如这个城市的天空压下来的气息。本来今天是难得的周末，自然是想着要好好地休息一番了，可是徐懿偏偏在今天让我去陪她绣那幅"清明上河图"。

而就像是真的清明时节雨纷纷一般，今天的天气很不好，一副像是要下雨却又一直不下的样子看着便让人难受。

"琪琪，你看嘛，这里要怎么办啊，我一直也出不了针怎么办啊？"徐懿的胸前抱着比她还长的"清明上河图"，一只手按在上面一只手拿着针找往哪里下手。

我抬头看了看她：粉红色的睡衣笼在她的身上，头发只是用一根黑色的发箍扎了一个马尾辫子；没出门就不化妆的她脸上的两颗小雀斑就像是在太阳下发出噗嗤噗嗤的笑声的小鸟在枝头跳荡。

“我真不知道你到底是咋想的，前几天去练跆拳道，最近又看足球，今天还忽然迷上了刺绣。你看你绣的这可是以前我老妈最喜欢干的事啊！”

“哎呀，你看，这不是没事做吗？其实这个真的蛮有意思的，我昨天绣了好久才把那边的那个船给绣好呢，当时好开心的，你看你一天那么累也应该好好休息一下啊，没事学我玩玩这，那得多好啊。”说着徐懿把脑袋往我身上蹭了蹭，用力地皱了下鼻子忽然笑了起来。

“你笑什么啊？”

“你身上的味道啊。”

“我身上怎么了？”

“一种职场傻姑娘的气味！”

“你要死啊！”说着我一下子把手放在了她的腰上用力地挠了几下只把徐懿吓得连忙丢下了她的上河图捂住了腰，一边还咯吱咯吱地笑着。

“呀！都怪你，这么晚了，明天可是周一我还要上班呢。我先回去了啊。”我推了推眼镜看了下墙上的钟说道。

徐懿噘起嘴挠了挠头说道：“你回去了我多没意思啊，你今天就在这儿住吧，好不好嘛？琪琪，我最爱你了。”她拉着我的手臂晃了起来还时不时抬起头来对着我眨眼睛。说实话徐懿的眼睛真好看,长长的睫毛,眼睛就像是一块极为纯正的宝石,散发出一种天使一样的风情。假如我是一个男人的话让我回家我都不会回家,而且巴不得和她多说一句话。

"你家距离我上班的地方太远了,我还是得回去。"

"那好吧,我去你家好了。"

"好啊,走吧。"

"好啊,不要紧,我去换身衣服再补个妆好不好?"

"快去!"我笑着拍了一下她的头,她转头冲着我吐了下舌头还扮了个鬼脸便进房里去了。

正当她进去的时候我便从口袋里掏出了手机玩了起来,结果我还在第二关的时候徐懿便已经出来了。这下的徐懿就和之前那个看着有点邋遢的徐懿不一样了。她穿着一条紧身牛仔裤,一件雪白的衬衫。头发虽说没变但是不细看的话不会发现她脸上的那几个小雀斑。看起来就像一个在夏天最热的时候开出的一朵花,充满了对未来的向往。

我和徐懿两个人一起在那条不宽阔的小路上面走着,晚上的月亮似乎要比其他的地方更亮一些,将我和徐懿的身影拉得极长。

"琪琪啊,我去你家你欢不欢迎啊?"

"哼,你个小坏蛋,都已经到半路了你还问我欢不欢迎你,难不成我还把你赶回去不成？你啊，不过也好，刚好陪我回去还有个伴！"

徐懿从来都是一个自己就能玩得很开心的一个人，和她一起倒也不会觉得今晚的夜色是多么的烦闷。

我抬起头望了望没有星星的天空，每次当我看见天空的时候便发出无限的感慨，或许这又是一个生性感动的瞬间挥洒的那一丝一毫的浪漫。

我家本就住得较远，自然路上也就没有什么行人，只剩下路灯和两道笑的极大的声响，这又一点也不像平时我们在别人面前的形象了。

当我们拐入一个僻静的小巷时似乎连两旁的灯光也暗了许多，我一直在想着在这地方会不会有一天遇到什么坏人之类的不好事情，所幸一直没有发生过什么事。只不过今天可能不太一样了。

"琪琪啊，你一个人住这么远不怕什么把你给偷了去啊？"

"乌鸦嘴，谁能偷去我啊……"

"不许动！"

我一句话还没说完便从黑夜里站起了一道身影。可能是平常有事没事的爱看一些动漫来打发时间，像《柯南》这样的自然也是看了很多，所以一看见黑影便有了一种莫名的恐惧感，我一瞬间就感到我的脑袋好像被抽空了一样。我下意识地把我手上的包护在胸前拉了拉徐懿的衣角，小声地说道："怎么办啊？"

"别怕，我来保护你！"

我听了这话反而有点不服气，就把胸一挺想要站到徐懿的身前，却看见了那道身影手上晃着莫名的反光的金属器物，我不自觉地便先后又退了一步。

就在这时那黑色身影反而上前一步，也不知道他是要干什么，倒是让我心里一阵起伏，就像是一个没有燃起来的孔明灯在半空中就跌入了河里般尴尬。

"交出你们身上值钱的东西！"

那人说话是故意压低了声音，倒也听不出个虚实，不过看他似乎也没有什么别的企图了。我就想着要不就当是破财免灾算了，便推了推徐懿小声说道："要不我把包给他算了？"

徐懿马上摇了摇头把我手上的包拿在了她的手上，也不知道她到底是要干些什么。我们就僵持了一会儿，不知为何我会忽然地走神，想到了那些古龙笔下的奇女子是如何在一个风月夜里几下就打败了敌人的身姿，或许这就是那种对自己现实联想的无限热切的追求也说不定。

那黑暗里的身影忽然动了，他一手向着徐懿手里的包抓了过去。我一时竟不知如何是好，只能双手捂住自己的嘴来掩饰自己内心的恐惧和惊慌。徐懿倒是比我镇静得多，也不知道她在我的包里翻出了些什么冲着那道身影的脸上便喷了去。闻着应该是我的香水吧，她之前也说过我的香水味道有点重。这么多的香水一下子竟让那人手足无措，而徐懿反身就是一脚踹向了那人的下体。

"啊！"

只听见宛如某种动物在年前被杀时发出的声响一般，那人捂住下体倒在地上不断地扭动着，而趁着这个机会我和徐懿也跑开了。

"吓死我了！"

也不知道跑了多久，终于到了我家时我们才终于喘了一口气。

徐懿一手撑着墙一边用手扇着风气喘吁吁地说道："也不看看我是谁，我可是练过跆拳道的呢！哈哈。"

"对啊，看了我也有必要学习一些什么东西来武装一下自己了，要不我去买个什么武器好了。"

"哎呀，买什么武器啊，最好的武器就是自己啦，多学点防身的手段咯。"

是的，最好的武器就是我们自己，思想上的转变永远比外来实物的支撑起到的效果更加明显。

健康是美丽的根源

在医院实习的时候接触的第一个病人，是个十六七岁的小姑娘，瘦瘦小小的，苍白的脸上却挂着礼貌而虚弱的笑容。身子弱的姑娘，像林妹妹一样，总是招人怜惜的。直到看到她那天脸上挂着厌烦的表情、好看的眉毛拧成一条，把她妈妈为她熬的汤倒进了厕所，我第一反应就不好了。这也激起了我的好奇心，毕竟看起来这姑娘平时是个很有礼貌的好孩子，难道是妈妈不知道女儿不喜欢喝汤？肚子装满了疑问的我吃完了午饭。很快又把这种家庭问题抛在脑后，却没想下午我去病房给病人输液的时候，出了事。

小姑娘住院病因本来就是营养不良，空腹状态容易出现低血糖反应，本就体质差的姑娘输液的时候晕厥了，所有人都吓坏了。我自知有错，被主任狠狠地骂了顿，但心里也不是滋味。输液之前想到中午在厕所看到的事，我也问了小姑娘吃了没，却没想她撒了谎。她说她吃了我也没多想，以为她只是不喜欢喝汤会吃其他的东西填饱肚子。刚来实习，我觉得我很委屈，却不能跟个病了的孩子计较。

虽然心情不太好，但我还是端正了态度继续工作。醒来的小姑娘似有所愧疚，跟我道了歉。我直接问她："你为什么饿着也要把汤倒了？"自以为无人知晓的秘密突然被人揭开，小姑娘一时间显得有些无措，吞吞吐吐的跟我说了实情："我想变瘦，变漂亮，小时候我比现在胖很多，不够漂亮，都没有人愿意陪我玩；后来大病一场就瘦下来了，我才有了朋友，才有更多的人关心我。我也想像大家一样有活力，我也不想放弃我喜欢的体育项目，可是班上好多漂亮女孩都很瘦……"开口吐露心声的小姑娘脸上挂满了泪水，眼眶红红的像是受了欺负的家养小兔子，我不由得软下心安慰："你已经很瘦很漂亮了，再这样下去不健康就不漂亮了知道吗？""可是我怕我又回到以前没人喜欢的样子！"她立马焦急地反驳我。

我不停给她灌输"自信的女人最美丽，健康最重要"这些观点，她最后说不过我，也就乖乖点头表示认同了。其实我看得出来我并没有改变她内心的错误想法。这倔强的小姑娘不明白，健康的身体才是一切革命的本钱，显然不管我再说什么她也听不尽我的劝了，难道就这么算了？如果就这样看着这小姑娘误入歧途坐视不理，恐怕我也不能再问心无愧地从事我的职业了。

就在我苦思冥想怎么改变小姑娘的想法时，这天晚上医院又发生一件事——半夜急诊送来了个病人，由之前的小医院一路颠簸转来，来的时候意识已经不清醒了，状况非常不好，一直头痛和呕吐，还有视力模糊，接受手术的时候几近昏迷。令人遗憾的是，抢救没有挽回病人的生命。事情闹得有点大，后来病人的家属要求尸检查清楚病因。

这些天可能是因为对我的愧疚，小姑娘不再挑食，脸色倒比之前好了很多，却还是一副不开心的样子。中午休息的时候，听到病理科同事的一些杂谈："你听说了吗？上次那个病人的尸检结果出来了！""我早知道了，据说是静脉窦血栓！""天啊，这怎么回事？""是张医生询问了病史才弄清楚的，是用针挑破脸上的痘痘出的事！""头面部的危险三角区的痘痘可不能随便弄破的啊！""唉，都是为了漂亮，又是一条生命啊！""唉，算了，咱们少说两句吧，死者为大。"

上帝给了我们生命，却也能用各种理由轻易拿去，上帝给了我们健康，需要我们珍惜。身在医院，因为工作缘故，游走在生和死的一线之间，后来我看到了更多为了各种原因忽视健康最后追悔莫及的例子，只能在内心更加重视健康，珍视生命。

　　身边的小姑娘显然也听说了这个惨剧，当时整个人怔怔地，可能是死亡太近，近到让人不得不开始重新衡量健康与美丽的重要。这件事后，我感觉到她似乎长大了、想开了，变得不再像以前那样柔弱，开始想要健康的生活了，我很欣慰。在我的细心照料和她的有心改善情况下，她的健康状况一直朝着好的方向发展。

　　她出院的那天，已经从当初一碰即碎的瓷娃娃，变回了符合她年纪的阳光明媚的女孩，眉间少了几分脆弱，多了几分活力。她父母的脸上也是眉间带笑，家庭关系看起来比以前也更加和睦了。临走时她有些不好意思却又很坚定地告诉我，我当初劝她却没被听进去的话，她会永远记在心上。

　　那天我告诉她："想要做个美丽的幸福女孩，没有健康怎么行呢，以后，你会遇到你爱的人，你会想和对方一起长命百岁、白首相依。年轻的时候，你可以和朋友们一起朝着目标拼洒汗水，笑谈人生。到老了，你可以和你爱的也爱你的那个人，一起踩着夕阳漫步、一起四处旅游，一起拜访老朋友，甚至不用让孩子们担心自己的身体。想要人爱，首先要爱自己。要做个健康的女孩，要坚信自己，要证明自信的女人最美丽。"

做一只柔软的刺猬

凌晨一点多，小颜给我打电话，声音沙哑，说请我喝酒，约在楼下的公园。不知道她又在发什么神经，但跟她同窗十年的我还是起身骑着自行车去了。夏日的夜晚也带有丝丝凉意，我大老远地就看见她穿着短袖一个人坐在湖边石凳上喝酒，看这凄惨的情景，她似乎有点糟糕。

我走过去："干嘛呀这是，感情受挫啦？"

"你还真是料事如神，我们分了！彻底的分了！你坐下我有一肚子的话要说呢。"

看着她那副认真的样子，我相信她是真的分手了，而且看着受的伤还不小。

小颜是我初中高中一直走下来的死党，对于她我再了解不过，性格开朗长得也不错，挺懂事挺照顾人那种，不喜欢背叛别人也讨厌被别人背叛。爱憎分明，自我保护欲很强，唯一的一个缺点就是太强势，倔强独立；她说的话永远是对的，她觉得她可以不依赖于任何一个人不喜欢主动。

小颜跟她的男朋友是异地恋，高中的时候两个人就走得近，高中毕业俩人开始谈我们大家也不觉得惊讶。只是让人不理解的是小颜和他男朋友两所大学，一个填到了武汉一个填到了天津，所以小颜这一段感情一开始就是异地恋，而一恋就是三年。

刚开始那会小颜天天刷朋友圈、微博、微信——今天去这旅游了明天又去哪逛街了啊、去海边、去古镇、吃火锅、吃路边摊……跟我打电话秀恩爱把我虐得不行。他们跟所有的情侣一样，男友体贴女友讲理，但是时间长了也总要有矛盾产生，用小颜的话说就是他在我需要的时候没有在我身边，用他男朋友的话讲就是累了烦了不想坚持下去了。

他们第一次说分手是小颜先提出来的，导火线就是那位男生的前任进了小颜的空间评论了她的照片，具体也没说什么。小颜就说："我不气别的，他为什么没有删掉那个女生的联系方式。还有他们现在是朋友我就不说什么了，竟然还在短信微信联系！"说着小颜就喝了一大口酒。"你既然都已经选择跟他在一起了就要相信他，更何况你怎么就知道他们还在联系呢？""我亲眼看到的。"我沉默了一下，咽了咽口水也拿起了酒瓶。

在小颜眼中她与他的前任那就是井水不犯河水的关系，既然犯了那就是敌人的关系。于是小颜三天没有理她男朋友，她男朋友给她打了有足足几十个电话，而小颜态度还是很强硬，最后她男朋友把他的前女友删了截屏给她看，她才慢慢地回心转意。恋爱中的女人总是这样，是潜意识的认为所有跟自己的那位聊得来的女生都不可原谅，连同那位男生也一并不被原谅。

　　他们第二次说分手是小颜提出来的，国庆节他们相约去北戴河旅游，看看海、逛逛街、吃吃海鲜，白天游玩晚上压马路这就是所有情侣最幸福的事情，也算是甜蜜的七天小假，可为什么后来又闹矛盾呢？

　　原来旅游嘛，总少不了在自己空间里发些人物照片风景照之类的，回到武汉小颜就立即发了朋友圈晒下自己的甜蜜生活，照片里风景美男朋友帅女主角漂亮，于是大家也就祝福百年好合，小颜幸福感足足的。随即他的男朋友也发了个朋友圈，不同的是，照片里就只有感慨生活的男主不见拍照的人，小颜就不高兴了，一不高兴就会胡思乱想：他为什么不在朋友圈里公布我的照片？我长得是多丑还是他本来就不真心实意，只是暂时弥补空虚？她忽然想起那句话："每一个不敢公开秀恩爱的人都有一个备胎。"

　　我打断她："每个人有每个人的思维方式，或许他觉得这是一种无聊至极毫无意义的事情。"

"可是他自己也发朋友圈了啊，我生性敏感，但又不愿表露，所以我自己生闷气，他却跟没事人一样。"

之后小颜跟他冷战了十天，十天一句话都没聊。在小颜将要放弃的时候却意外得收到了一大包零食和一堆照片，全都是他们出去玩的照片，后面写着对小颜的深情告白。小颜虽然嘴上不说心里已经卸下了盔甲，这次也算是就这样平和地过去了。

他们第三次分手也是小颜提出的，至于这次连小颜自己也说不出具体的原因，就是平常的一次拌嘴两个人又冷战了许久，因为小颜的自尊心极强，自己觉得理亏又怎么也不愿先开口认错。一个星期之后的一个晚上她接到她男朋友电话："我在你学校门口。"她的男朋友坐了15个小时的硬座来到武汉，小颜噙着泪，说了一句："你知道他跟我说过让我最心疼的话是什么吗？'亲爱的，别再用你那坚硬的刺伤我了好吗！'"

小颜就这样分分合合的走过了三年，终于两个人都累了，走不动了，不爱主动的人还是不爱主动，爱主动的人也不爱主动了。矛盾就在日积月累的堆积中在我的意料之中爆发了。我没有安慰她，反问："那你跟我说了这么多是想表达什么呢？"

"想表达我放不下，我还爱他，但不会去找他。"

"那这次不会和好了？"

"不会了！"她流着泪但并没有哭出声的说。

我看着她坚定的泪眼和迷蒙的眼神，我知道她已经做了决定，只是她失去了一个曾真心付出过爱过的人。我能做的就是聆听，然后把她送回家，这段时间的痛苦，没有人去替她承受，只有她自己想明白了才能真正走出来。

她是个好女孩，只是不懂得在感情里要适当地向男生示弱，不懂得如何展现自己坚强外表下脆弱的心；女孩有自己的思想自己的主见更要有保护欲，尽量不要在感情中让自己受伤，也不要让别人受伤。

很多人没有这样的能力，因为她们做不出这些示弱的行为，当情景需要她们示弱时，她们内心有着这样的声音："我那么独立的一个人，为什么非得听从他的意见。"总是她们先挑起事端，先发制人，然后事情进展的不是很顺利的时候还是她们说："就这样吧，我不想再谈下去了。"

那么如何双方都不受到伤害好好相处呢？就是学会示弱，不要一直强，偶尔软弱些退让些，让对方也获得一些主动权。示弱其实是一种可以接纳自己不完美的能力。一个可以接纳自己不完美的人，更愿意面对自己的错、承认自己的错。哪怕自己没有错也要柔弱下来，因为这样的人更容易接纳别人犯错。这样的人，更容易拥有长久幸福的感情。

　　大学毕业后小颜跟我打电话，说又遇到了一个合适的人，谈到当年那段感情颇有感悟："当初吵架分手必定有原因，既然这个原因已经导致了要分手的后果，那也就无力挽回。既然自己的爱人出现在自己还不够优秀的时候，那就先把自己变优秀吧。也明白了为了不错过下一段爱情，成为更好的自己，女生还是要学会示弱和主动，学会做一只柔软的刺猬。"

别让你的善良害了你

我在郑州上了一所很普通的大学，学了一个很普通的专业：市场营销。所以四年大学毕业之后自然而然地在郑州找了一份销售的工作，对于一个做了四年文艺女青年的我来说突然进了职场还真是有点不适应。

我在郑州一个比较豪华高档的小区附近找了家房地产公司，暑假我顶着炎炎日头去参加那个公司的面试。个个都西装革履，我用余光大概看了一下面试官们，大多数都是女的，男的很少。其中有一位女性大约比我大那么五六岁的样子，她在那里面是最出众和吸引我眼球的人，因为她长着一张超凡脱俗的脸并且带着冷艳，穿着一身职业装，深棕色头发高高地盘起，画着精致的妆容，标准的鹅蛋脸，两片薄薄的嘴唇微微张开，上帝给了她一双长长的桃花眼却给了她冰冷的眼神，冷得我不敢多看一眼，从始至终她只抬头看我一眼，是她先开口问我的问题："之前做过房产销售没有？"

"没有，这是我第一次做房地产这个行业，我就当来实习也可以，我会好好努力的。"我被她冷冰冰的话压下去了几分自信。

"我们这个行业呢，之前也来过很多大学生，但有一些真的不适合做这种工作，太懒。这个工作你没有业绩就没有工资，否则就相当于养了一个闲人，当然公司是不会养一个闲人的，我都说清楚了，你听明白了吗？"

"我……明白了。"

"好，那你今天就来上班吧，小白，给她安排一下住宿。"

她说这话后就跟旁边的一个秘书说了句。我顿时就目瞪口呆，面试就这么简单？我就这样来上班了？真是让我意想不到啊。在公司里面待了一天，通过自我介绍跟公司里的同事大概都认识了，原来刚才面试我的那个"冷艳女王"是公司的职业顾问，我就喊她张姐，那个秘书姓白，我也就喊她小白姐。由于我在公司里面最小，所以我所有的同事我都喊姐或者哥的，这样显得更亲近一点。

其实在未步入社会之前的我在学校里也读过很多关于职场交际的书，什么《初入职场交际法》《职场暖心话》等等，里面讲解的内容都是大同小异。那些道理我也都懂，就是刚进公司平时要勤快一点、有眼力见一点、跟领导讲话的时候千万不要拖拉没有逻辑、一定要简洁有力、层次鲜明、突出重点、省得老板听的不耐烦……

为了更好地成为这个公司的一员，我就真的特别地勤快，什么事情都会去抢着做那种。公司有规定的时间上下班，而且上班下班之前都会开一个简短的会议，但是工作时间还是自由分配的。所以大多数同事都是从家里赶来，上班前开那个会议都没有吃早餐，但是天气热大家开完会又不想去吃饭。上班后的第二天我发现了这个事情，第三天就主动帮他们买早餐，刚开始大家都还不是很习惯觉得不好意思了，后来让我带饭还会说句客气的话，久而久之这就变成一种不成文的规定一般：

"小沁，帮我带两个包子一个鸡蛋啊，包子要肉的。"

"还有我的，一份粥，不放糖。"

"我吃一个饼外加一杯奶茶。"

……

到最后他们自己忙自己的，我的时间就花在了买饭上，甚至有时自己也吃不上饭，可是我想着自己作为新人多做一些事情也没什么，想着要跟给事留下一个好印象吧。

公司的每个星期一都是大扫除的时候，我忙着擦桌子、拖地，她们吃着冰激凌谈笑风生。每次开完会总会有同事跟我讲："小沁，帮我整理一下今天的房源客户。"值班的时候她们会说："小沁，帮我值一下班，我出去一趟。"回到住的地方我会收拾整个房间，摆好女同事的所有衣物。我发放着自己的善心，从来不抱怨反而觉得很开心，再累也会完成本不该用完成这个词来诠释的所有"工作"。

我的"善心"一直持续着，我认为那不仅是锻炼自己更是立足自己的一种方法，在公司待了这么久，也许是因为我一直帮助他们做事情，所以我们一起聊天还算热情吧。但是张姐不同，张姐仍旧冷艳着，这是一个让我很苦恼的一个问题，不论我在路上碰到还是去询问她工作上的事情，她总是那种冷冰冰的语气，有时候又有点不耐烦，我私下里也问过其他人，都说张姐平时除了比较严肃之外也不是这样的。

这让我更加苦恼了，毕竟在一个公司上班低头不见抬头见的，这样冷淡的交际关系对自己也确实不好，于是我更加的小心谨慎，每次见张姐就会很开心地微笑，每次带饭都会另外帮张姐买一份其他的礼物，收拾桌子的时候也会夹一张满满正能量的纸条在里面，但是我发现这没有特别改善我们的关系。我就反思到底是我哪里做的不好，然而也是无果而终。

直到有一天，张姐突然找我谈话，让我很受宠若惊，尽管是工作上的内容。她说有一个客户近期一直想在附近买一套房子，但是一直也没找到合适的，刚好我手上有一个房东要卖房子，环境条件什么的都很合张姐那位客户的满意度，我立即说："这都不是事，张姐，我可以直接带着你的客户去看看房子。"

"可是小沁啊，你刚入社会不懂，在房东和客户没有明确想法的时候我们是不能让他们私自见面的，如果他们私自成交我们是没有提成的。要不然这样，你先把房东的联系方式给我，我先把我这个客户的想法和要求跟他沟通沟通，后期我们再商量。"这个时候张姐的语气缓和了很多。

"那……"我犹豫了一下还是说，"好吧。"张姐笑了一下，这是我去公司唯一的一次对我笑，我真是高兴得不得了，心里想着自己也能帮上"冷艳女王"的忙啦。

只是之后的一个星期、两个星期一直到一个月，我的房东也不再接我的电话，每次问张姐她也会闪烁其词，直到月底总结大会上总经理表扬了她、批评了我才明白，原来她背着我联系我的房东和她的客户私自成交了一套几百万的房子，自己提成了好几万，而我的业绩为零。那一刻我才真正明白，我的善良变得多么愚蠢可笑，听着总经理的批评，会上没有一个人替我说话，偷偷在公司哭了很久，没有一个人知道。

后来我离开了那家公司，也懂得了人是要善良，因为善良使你变得可爱，也使你周围的人变得可爱，但是盲目的善良、只懂得付出，不去思考的善良，到最后只会害了自己。

请珍惜我们的善良，别让善良害了你。

第六章

向劳斯莱斯 "say no"

别在宝马车里哭

陈苗曾经是个好女孩。

一

在我看来，上海是一个没有夜晚的城市。就像现在，手表的时钟指向了夜里 12 点，而街上还是灯火通明、人潮涌动。天桥上的风很大，头发被风吹动打在脸上辣辣的，不过我一点都不觉得疼。

上海，这是我和陈苗曾经无比向往的地方。

对于来自小城镇的我们来说，能走进它是我们最美丽的梦。陈苗看《阿甘正传》时，很喜欢这样一句话："世界上有一种鸟没有脚，生下来就不停地飞，飞累了就睡在风里。一辈子只能着陆一次，那就是死亡的时候。"她很喜欢这句话，因为她觉得自己就像那只鸟一样。她说她前十八年都在努力学习，只是为了走出小镇，去外面看看。

家境的窘迫、家乡的落后和我们在书中看到的光鲜亮丽的上海形成了鲜明的对比。这份强烈的渴望推动着我跟陈苗两人拼命地学习，最终，我们一起考上了上海的一所重点大学。

歌里唱得真好："外面的世界很精彩，外面的世界很无奈。"到了上海我才发现，现实真的很无奈。大学不再像以前那样成绩好就行了，出风头的更多的是那些年轻漂亮有才艺的女孩儿。而我，除了学习什么都不会。

陈苗对我说，她看着室友们热火朝天地讨论化妆品和衣服包包，她却一句话都插不上。我们俩就像一个乡巴佬，什么都不懂。我们也尝试过加入她们的话题，可是一听到那些商品的价格，我们就默不作声了。

其实室友们对我们挺好的，平时有什么事也都想着我和陈苗。可是她们越这样陈苗和我就越自卑，于是，我就更努力去学习，偶尔也做一些兼职，而陈苗比我更拼命，她希望能多赚点钱。一方面是想减轻一下家里的负担，另一方面是想攒点钱买化妆品。毕竟，爱美是女人的天性。

她刚开始在网上找到了一份健身房的兼职，只用在周末工作。工作也比较清闲，主要就是负责用户登记和前台接待。老板黄勇人很好，出手也阔绰，每个月给她2000块的工资。当时知道工资这么高她真是高兴坏了！这差不多是我两个月的生活费了。所以，她做事也就格外的卖力。

有时候，健身房关门了她还会留下来打扫一下卫生。生活也因为这份工作渐渐地宽裕起来了，偶尔，也能买上一些平价的化妆品来打扮一下自己。渐渐地，她忙起来了，跟我的联系也越来越少，现在的她看起来也有点城市女孩儿的模样了。室友们打趣说："陈苗都快成了白富美了。"我也一直默默地关注着她。她曾经告诉我，她也偷偷幻想过，或许有一天也能遇上个高富帅，从此过上幸福的生活。

可是生活不是偶像剧，而是一出狗血的苦情剧。她爸爸在工地上做事时，不小心摔断了腿，家里的积蓄差不多都拿去治病了，可还是远远不够。爷爷奶奶常年生病需要吃药，她和弟弟上学也要钱。她想过退学了去打工养家，可是妈妈却拼死不同意。没办法，她只好找更多的兼职来做。

人的精力有限，她在健身房做事时不小心把一位客人的苹果手机给摔倒了地上。客人火冒三丈，嚷嚷着要找她们老板，要她赔偿。可是她哪有钱啊！她打电话给我，急得她失声痛哭了起来。我们只能想办法借钱解决这件事，可是我们认识的人很少，也没有朋友能够帮忙。

后来老板出面帮她解决了这件事，她对她老板更加感激了，做事也更加小心卖力。有一天晚上关门后，只有老板一个人在健身房里，她正在拖地，他突然很严肃地对她说："你有没有想过，你做的事其实别人也能做，但是你的工资却高很多。"他突然地发问让陈苗愣住了，一时不知道怎么回答。

他走过来抓住了拖把，对陈苗说："我没有别的意思，只是想告诉你我这儿有一份更适合你、工资也更高的工作。"他的手慢慢地移到了陈苗的手上，陈苗感到很害怕，想要把手收回来，他却握地更紧了。"你不是需要钱吗？家里还等着你寄钱呢？"听了这句话，她有了一丝犹豫。"想好了就在这一本合同书是那个签字吧！"他从口袋里拿了份合同丢给她。

这是一份合约书，很规范，条款规范，权责明确，可是内容却是那么的荒唐可笑。上面写着：陈苗自愿做黄勇的情人，在情人关系存续期间，黄负责陈上学、生活等一切开支费用。合同生效时间从双方签字时起，至陈苗大学毕业为止，双方不得提前解除协议，若乙方提前解除，另一方有权要求对方支付经济损失与精神赔偿。协议一式两份，各持一份，期满作废。

看着这份合同，她觉得真是可笑至极。但是一想到卧病在床的爷爷奶奶、失去了劳动能力的爸爸、还有正在上学的弟弟，陈苗的心就开始颤抖。含着泪水，她颤抖着在合同书上签下了自己的名字。

黄勇倒是很吃惊，他没想到会这么顺利。怀着胜利的喜悦，他立马给陈苗打了五万块到账上。这五万块钱着实解了她们家的燃眉之急，她妈妈也疑惑她哪儿来的钱，陈苗骗她说是老板提前给她支付了一年的薪水，这才糊弄过去。

刚开始做黄勇的情人，这让她觉得恶心。她不能原谅自己居然在干这么肮脏龌龊的勾当，经常找我聊天，我劝她远离黄勇，靠自己的能力来挣钱，可是她总有很多推辞。后来也就慢慢习惯，开始心安理得。她说黄勇除了平时爱发点脾气外，他对她还不错。她也开始过得衣食无忧起来，各种奢侈品也能叫出名来。

每个星期一，坐在黄勇宽敞舒适的宝马上去学校时，她也开始享受旁人羡慕的目光，心中窃喜。她心想现在享受的不就是多少人努力奋斗想要得到的吗？如果能这样过下去，让她天天坐在宝马里哭都愿意啊！

日子就这么过着，一不小心她怀孕了。黄勇知道了，叫她赶紧打掉。看着他冷冰冰的态度，陈苗明白了这种日子是过不长久的。打了孩子以后，她的身子变得很虚，黄勇也不再想碰她，对她越来越冷淡。她自己也知道，这种纸醉金迷的日子快要到头了。果然不出陈苗所料，黄勇很快就提出了分手，给了她20万作为封口费。

三

世上没有不透风的墙，黄勇的老婆知道了她的存在，一气之下，拿着合同书闹到了我们学校。同学们都对她避而远之，学校也把她开除了，其他的学校也不敢要她。她惊慌失措，无所适从，只好灰溜溜地回到了家里，而她却再也抬不起头做人了！

如果世上有后悔药就好了，那她一定不会再选择坐在宝马里哭。人生在世，会遇到形形色色的人，也会遇到各种各样的诱惑，声色犬马，难免让人沉溺其中。但是要知道，有时候一时的贪恋、一刻的放纵、一个错误的选择，就会让自己陷入万劫不复的深渊。所以，各位好姑娘们，在面对诱惑时，一定要冷静，不要被金钱利益蒙蔽了双眼。在遭遇困境时，咬咬牙坚持一下，阳光总是和阴影如影随形。

拒绝诱惑！宁在自行车后笑，也别在宝马车里哭！

人生没有橡皮擦

有的时候，人不能走错哪怕一步，特别是女孩子。虽然这个社会讲究男女平等，但女孩还是处于弱势群体的位置。人生有很多路走错了是可以回头的，与此同时，人生没有橡皮擦，不是没有痕迹的。一个人的一生，就像一张白纸，随着我们的所作所为，纸上会显现出许多的痕迹，不过，那些痕迹是不能被擦掉的。

小贝和我是初中同学，她的家境不是很好，从小母亲去世，父亲又好赌，可以说是爷爷带大的。学习成绩也是一般般。那时的我们很要好，一起放学回家，但是在中考结束后，我和她断了联络。我试着去她家找过她，但是听她爷爷说，她外出打工了。如今已经过去好几年了，但我时常还是会想起她，那个儿时最好的玩伴！

不久前，我接到一个电话，是某个监狱打过来的，问我是不是小贝的朋友，能不能来接她出狱。我想起来去年小贝的爷爷去世，我去他们家的时候留下了电话号码，但她的家人并没有告诉我小贝去了哪里。现在想来，许是故意隐瞒吧。

接到电话的我立刻赶到了监狱，见到了小贝。当年的模样到如今有了很大的变化，曾经水润的皮肤现在是苍白的，曾经明亮的双眸现在是浑浊的，也不是那么有神了。我急切地问她到底是怎么回事。她苦涩地笑了，终于对我说出了口。

当年，她一个人怀揣着从家里偷的 1000 元，搭上长途汽车离开了这个生养她的小城市，到了江城这个繁华的都市。她想着，凭借自己的勤劳，不会找不到工作。那时的她还没成年啊，思想竟是如此单纯。她没想到就是因为她没成年，正规的企业不敢用她，而黑工厂呢？倒是要她，不过付出的劳动和所得的报酬是不成正比的。

小贝在一家制酒的黑工厂干了三个月之后，这家黑工厂就被警方取缔了，由于她未成年，警方将她遣送回家。她只赚得了 1000 元。回家后，爷爷狠狠地揍了她一顿，说她居然连他的养老钱都敢偷，还说她没本事，没挣到钱。小贝就在家待了半个晚上，又离开了家。这次，她选择到沿海城市谋求发展。可是，更大的城市也有更大的祸患呢，她下长途车不久就被小偷割破了裤子口袋，偷走了一半的钱，幸亏她有自己的小聪明，将钱分别放在两个不同的地方了。

很快，钱花光了，工作还没有着落。小贝坐在一家酒馆门口的楼梯旁，渐渐感到绝望。"小妹妹，你这是怎么啦？"酒馆的老板娘风姿妖娆地的出来，看到小贝，声音轻柔的和她搭话，"是不是饿啦？姐姐这儿有吃的，你要不要进来？"

已经饿了一天的小贝听到吃的双眼放光，马上抬起头来看着面前漂亮的女子，但想想，自己没有钱呐！

"没关系，你在这儿打杂吧，别的不说，每天包你吃住还是可以的。"面前的女子将她领进酒馆，也真的是让小贝狠狠地饱餐了一顿，后来，那个漂亮的女子让小贝喊她芬姐。此刻的小贝觉得芬姐就像天上的观音娘娘似的，在她最需要的时候伸出了援助之手。

小贝留在店里，端盘子、擦桌子、洗碗、给厨师打打下手……什么活儿都干。有时，顾客会毛手毛脚，但小贝看到的，更多的是芬姐坐在客人的腿上，还有许许多多的和芬姐一样漂亮甚至更漂亮的服务员，她们总是围绕在顾客身边。懵懂的小贝并不懂这是什么意思，只是隐隐约约感觉这家酒馆和别的酒馆不一样。

一个晚上，芬姐把小贝喊到自己的房间，循循善诱："做活儿是不是很辛苦？想不想只做一些轻松的活儿？不做那些脏活儿累活儿？"谁不愿意轻松一些？小贝点头。她还记得自己才被烧热的油烫伤了胳膊，还被厨师骂自己笨手笨脚。

很快，小贝沦为风尘女子，靠出卖自己来谋生，不过好处是，她有钱寄回家了。可以让她爷爷看看，她可以养他了！单纯的小贝认识了一个老大，对她挺好的，她便以为这是爱情了，陷入进去很快万劫不复，而老大嘛，就比较潇洒了。今天爱这个，明天爱那个，这是很正常的事情。

小贝当街遇到她的老大搂着别的女人，这可不得了了，抄起啤酒瓶子照着人女孩儿的脑袋上砸。那女孩儿顿时鲜血直流，随即就当众厮打起来，直到警方介入，他们都被带回警察局。那女孩儿要告小贝，医院验伤，碎玻璃部分进入皮肤，有很大可能性留疤。小贝被判了两年，她所谓的老大，不知道换了几个女朋友，早把她抛到脑袋后面去了，或许还会感谢监狱阻隔了这个女孩儿去找他麻烦。小贝在狱中表现良好，减刑三个月。快出狱了，这才联系我，让我接她出狱，因为她没有亲人了。

将小贝领到我的出租屋中，又带她购买了一些简单的生活用品。

"你接下来想怎么办？"我问她。

"不知道，找工作吧。"她忽然一下抱过来，"真的很感谢你还愿意跟我做朋友。"

　　我叹了口气，也不知道说什么好。小贝人不坏，只是走错了一步路，以后的路还长呢。

　　可是，我想错了。小贝出去找过工作，但人家嫌有案底，不予接纳。好不容易找到个工作吧，又被她之前打过的那个女孩儿带人来找麻烦，店家直说招不起她这样的人。或许，离开这里，才是她最好的选择。可是，她又能去哪里呢？

　　"我在监狱的时候就想过了，我知道我这一进监狱，未来就注定路难走了。人呐，想回头是很难的，已经存在的痕迹不是那么容易擦掉的。姐们儿，祝我在新的城市里生活愉快吧！"这是我送小贝到车站时，小贝对我说的最后一番话。

　　我希望有一天，小贝可以拥抱辽阔的天空，放开脚步去追逐自己的梦。但同时，我也是为她惋惜的，像花儿一样的女孩儿啊，走错了一步，想抹去，没那么容易呢。祝福她以后一切安好吧。

草木有本心

"兰叶春葳蕤，桂华秋皎洁。欣欣此生意，自尔为佳节。谁知林栖者，闻风坐相悦。草木有本心，何求美人折。——唐·张九龄《感遇》"。我的室友小叶用她娟秀的字体在自己的笔记本的扉页上写下这么一首诗。

坐在一旁的小露看见了，就开起玩笑来："哟，文艺女青年又在干什么呢？"小叶也不见怪，笑了下，也说："这是首蕴含哲理的诗，我看着不错，拿它当座右铭呢。""什么哲理呀，古人就喜欢写这些矫情的东西。"小露一脸不屑地说道。

小叶也不再解释，只笑着说道："好好好，古人都矫情，就你不矫情，对吧？"小露嘟嘟嘴，乐呵呵地说："那是当然！"上课铃声响了，小叶又看了看本子上的诗句，缓缓地合上了本子。

小叶是我的室友，是个南方姑娘，长得可水灵了，大眼睛，一头乌黑柔顺像绸缎一样的头发，五官小巧精致，皮肤特别好，像个瓷娃娃。她有着南方姑娘特有的一股婉约、清秀如水一般的气质，是我们班上公认的大美人。小露也是我的室友，不过小露是北方人，有着北方妹子的豪爽、大气，小露也漂亮，不同于小叶的温婉，小露是一种英气的美。我和另一个室友小玉常常开玩笑："南北两大美女都在我们宿舍，真是让我们感到既荣幸又压力山大啊"。

　　小叶和小露在班上成绩都很好，人又都长得好看，自然追求她们的人不在少数，在大一入学晚会上，小露更是凭借一支活力四射的舞蹈征服了无数少年的心，吸引了众多追求者。而小叶很有才华，当上了校杂志社的特邀作者，几乎每期杂志上都有她的文章，还会附带美照一张，于是，小叶被全校男生公认为"新一代的文艺女神"。

　　从此以后，总会有各个专业，各个年级，各个班的男生来表达自己的心意，我和小玉自然被他们当成"红娘"，有时候走在路上，莫名其妙的会有男生走过来问："请问你是不是某某班的某某某？"刚开始的时候，我们会一阵脸红心跳，羞涩地回答"是"。可对方的下一句往往是："太好了，你是小叶（或小露）的室友吧，麻烦把这个交给她，谢谢！"说完会塞给我们一个包装精美的礼物盒，然后就愉悦地走了，走着还不忘回头叮嘱一句"千万别忘了"，留我和小玉在风中凌乱。

到最后，我们都习惯了，只要对方来问，我们就会立马回答："我是她的室友，东西会给她的，不用谢，再见！"

虽然有很多男生追求她们，但她们还是没有接受其中的任何一个。这个时候，我和小玉又会开玩笑："你说你们的要求也太高了，这么多男生，一个都看不上？"小叶笑而不语，小露装出一副很忧愁的样子，说道："唉，你说这些男生吧，长得还看得过去的，太穷了，没钱；家里有点钱的吧，长相我又看不上，真是愁煞人啊——"我们听她这么说，笑骂道："你个外貌协会的拜金女，慢慢找你的高富帅吧！"

到大二的时候，别说，还真出现了个高富帅。那个男生的确很帅，长得很像韩国某某明星，而且，家里爸爸是某机关干部，妈妈是经商的，还是家族产业，相当的有钱。他之前休学了两年，之前就一直被学校里好多女生称为"男神"，现在他又回到学校来，又增加了一大批新"粉丝"。这次，连小露都动心了，有一次，我们在路上遇到"男神"，等我们走过来之后，小露很高兴："哇，把这样的男朋友带在身边一定特有面子。"

从这之后，小露变得更加爱臭美了，每天都在镜子前精心打扮，找机会接近她的"男神"，都不怎么和我们一起了，还经常对我们说，等她追到了她的"男神"，就请我们去吃大餐。我们也和她开玩笑："小露，你真让那'男神'给迷住了？"

小露倒也不对我们说假话："还好，不算迷住，你们看，他长得帅是次要的，关键是他家有钱又有权，这样的男人不赶紧抓住怎么行？要是嫁到他家，就有花不完的钱了。""就说你是个拜金女，这样的男人多半花心，你还是小心点吧。""我这么聪明，还能给他骗着，你们别瞎操心了，还是你们吃不到葡萄说葡萄酸？""得得得，赶紧去和你'男神'约会吧，待会又说我们打扰你的'甜蜜时光'。"

　　小叶还是和以前一样，是个安安静静的美女子。平静地写着她的文字，平静地拒绝一个又一个追求者，但事情的发展总是出乎人的意料。一天，小叶、小玉和我正要去吃午饭，小露还在寝室打扮自己，我们仨等不及就先下来了，刚出宿舍楼大门，远远地就看见"男神"过来了，我们以为他是来找小露的，刚想告诉他小露马上下来。"男神"的举动却让我们吓了一跳，他直接走到小叶面前向她告白了。我和小玉惊呆了，只见小叶像拒绝平时追求自己的男生一样，说了句"对不起"，"男神"也愣了一下，回了一句"没关系"。一直到了食堂门口，我和小玉才缓过神来，小玉惊呼道："天哪，刚才发生了什么？"

　　之后我们一直担心要是小露知道这件事会怎样，当我们忐忑不安地回到宿舍之后，小露出乎我们意料之外的显得很开心，她高兴地说："告诉你们一个好消息，'男神'成我正式男朋友了，晚上请你们吃大餐。"我和小玉又一次受到了惊吓，"今天到底怎么了？"小玉嘀咕道。

后来，小露就经常不回宿舍了，还说什么，她"男神"特别喜欢她，要带她出去玩，把她介绍给自己的朋友之类的。还有几次竟然醉醺醺地回来了，闹了半宿才睡。我私底下问了问小叶为什么要拒绝"男神"，小叶告诉我，"男神"不是她喜欢的类型，那样的男孩子太浮躁了，不够稳重，就像我们说的，没准是个花花公子，见一个爱一个。

我说："那小露也知道这些，可就像她说的，有钱有权，谁不想要呢？""钱是别人的钱，权也是别人的权，我们为什么不凭借自己的努力去赢得这一切呢？还记得我抄在本子上的诗吗？'草木有本心，何求美人折'，兰桂流香也只是尽自己的本分，是它们的天性使然，而不是借助于美人的采撷来博得人们的称誉而扬名。我们需要的是好好的自己努力创造这一切，而不是通过依附在别人身上来得到这些。"小叶的这一番话让我感触颇深，她的话太有道理了，别人的始终是别人的，只有自己创造的才是自己的。

后来，小露就搬出我们宿舍，到外面和"男神"同居了，我们也不好劝阻。我们不知道她在外面的情况怎么样，只知道她来学校上课的次数越来越少了，再后来，小露就没有再来学校了。老师说她休学了，具体原因我们也不知道，不过有传言说她怀孕了，"男神"把她甩了，孩子也流掉了。到底是真是假，我们也不得而知。

"草木有本心，何求美人折。"我后来也把这句诗抄在了我的笔记本上。花卉流香原为天性，又何求美人采撷扬名。

别踏进"终南山"

午休的时候，阿清告诉我公司来了个新人，这是小事，也是大事，只因为这是个校花女神级的新人。

虽然穿着正统的职业套裙却勾勒出完美的曲线，亭亭玉立的身姿，修长白皙的手指轻轻将及腰顺滑的长发拢到耳后，露出妆后清丽精致的脸蛋，浅浅一笑，神情中还带着初出校园的羞涩与好奇，也怀有对未知社会的美好向往。这就是过了面试的小安给我的第一印象，李姐说她是副总亲自敲定进来的，以后就和我一个部门了。

当时的我连续两个星期一头栽进一个策划任务里，都顾不得打理好自己，藏不住的黑眼圈十分明显，整个人憔悴得不行，端起冷了的咖啡抬头的我看着面前光鲜靓丽的女神，咽下口中不知道什么滋味的咖啡，礼貌地笑着跟她打了个招呼。

这是家看实力的公司，更是个看脸的世界啊！

　　小安一进公司就被男同事们奉为女神，而我经常被安排和小安一组完成任务，因此对于身边突然就多了很多人在我耳边念叨照顾新人之类的话，我也习以为常。

　　一开始我对她真的很有耐心，可是慢慢地我察觉到不对劲了，我发现她很多都不懂，明明是对口的专业，她基础没学好怎么可能会有那么漂亮的简历？虽然很奇怪，可如果我直说肯定会引起众怒，她的追求者还会说我不体谅新人，听说副总也是她的追求者之一，再看着小安向我祈求的目光，我也心软了。

　　这样的后果就是几乎两人一起完成的任务都是我一个人做的，可是分功的时候所有欣赏赞叹的眼神都聚集在她的身上；所有的功劳似乎都被归到她那，只因为她是女神。

　　我不是小气，也不是舍不得功劳，但这种感觉实在不舒服，在看她样子以后还要继续依赖我后，这种不舒服的感觉更强烈了。那些捧着你的男同事自愿为你干两份工的活，不代表人人都愿意啊！我平常的工作就够忙了，你不会可以学，我当然也愿意教，但不愿意成长只想坐享其成的人我是喜欢不起来的。

　　阿清是我在公司里最好的朋友，饭间听了我的遭遇，她跟我"沆瀣一气"，还好好安慰我说："人生没有捷径可走，一步一步都是要靠自己打拼出来的。你现在一步一步踏实了，锻炼的是你自己的实力。听说过终南捷径吗？她以为自己进的是一条捷径，可每一步都是虚的，等着看吧，是不是死胡同还不一定呢！"

阿清的话似是给我打开了一道新的大门，也让我的心情豁然开朗了。态度端正后工作也顺心了不少。我还发现自己的工作能力和工作效率有了大大提高，就连不久后小安升职为副总助理的消息传来，我的第一反应也没有其他人的羡慕嫉妒，只感觉终于摆脱了大佛，松了口气。

我原以为我和小安就此无太多交集了，但她却像是把我当成了好朋友，经常往我这跑，这让我有点心虚。其实抛开她的工作态度不谈，她还是个好姑娘。在她升职前我曾跟她一起去送东西，在街上亲眼看到老人晕倒，我还愣在当场，周围的路人也没来得及有反应，身边穿着粉裙子的小安就像只蝴蝶一样飞了过去。

她毫不犹豫救了晕厥的老人，将老人送往医院还大方垫了药费，在家属来前仔细照顾了一番。就算是之前对她有偏见的我，也对她讨厌不起来了。

小安当了助理后有什么经历我不太清楚，因为我努力了很久的策划案终于得到了回报，出色的成绩让我被调到了总公司。视野开阔了后以前的很多事情也看得开了，虽然这个世界看脸，也看实力啊，我认同阿清的话，如果小安继续走捷径不充实自己，她能走的路绝对不远。

一年后和阿清一起喝咖啡的时候我又见到了小安，她正在大街上和一个女人争吵，女神的气质荡然无存，相比之下显得事业小成、悠闲坐在咖啡厅里的我更像个精致女人。"不过半年光景，到底发生了什么？"

我问阿清，阿清带着点幸灾乐祸的神情："你离开后，她和副总交往了大半年，女神外表花瓶的本质大家也都清楚了。现在啊，副总可是出了名的花花公子，看样子是有了新欢，她被甩咯！我说吧，走捷径会碰着死胡同的。"阿清还在因当初的不公为我愤愤不平，看着小安捂着脸拦上了计程车离开，我莫名也没有再逛街的心思，也许是出于同是女人的怜悯。

意外的，回家后许久不曾联系的小安主动给我打了电话，不知道为什么她选择我作为她的我倾诉对象。她的声音还带着哭腔，第一句话就让我愣住了："兰姐，我知道你也不喜欢我。"我还不知道怎么回答就听到她继续，"但是我不知道我还能打给谁，我现在好绝望。"

我有些被吓倒，怕她一时想不开，想先安慰她，她的声音还在断断续续传来："他怎么可以这样对我！是我救了他妈妈啊！对了，你还不知道吧，有次巧合，我知道那是他妈妈，我才那么好心去救人，所以我那么快就升了职。知道了真相你会讨厌我吧，我就是这么个坏女孩，那时我想，从小到大我想要做的事情，都有人帮忙，不用那么辛苦，走捷径有什么不好？所以他向我告白的时候我答应了，我不像你那么厉害可以靠自己走那么远，我也是想努力让自己过得更好啊！"

电话这头的我内心五味杂陈，已经不知道该做何感想，每个想让自己过的更好的女孩都不该被斥责，只是她走错了路。我轻轻问她："你现在还想走捷径吗？"听到我的问题，那边哽咽了，良久，我听到她坚定回答："我不会再踏进'终南山'了！"

后来听说副总被调走了，小安回到原来的职位，一切归于平静，好像什么都没发生，唯一不同的是女神的娇气已经被磨掉，走捷径的惰性也不见了。听阿清说认真起来的小安虽然开始什么不懂，但一直很努力成长，那些想帮她的男同事都被拒绝了。功夫不负有心人，她的工作慢慢也有了起色，现在已经很得李姐的欣赏了。说这话的阿清眼里也没有了以往对小安的不屑与不喜，我的脸上也不自觉挂起了欣慰的笑容。

古时文人把归隐终南山当作是入仕的捷径，不依赖自身实力不走正途，结果也不过是受人嘲讽。人生不会一帆风顺，只有披荆斩棘的勇士才能得到自己想要的人生。安逸快捷的捷径，不过是诱惑你懈怠的罂粟。人生没有捷径，机遇也不是捷径，善于抓住机遇的人才能爬得快，一心走捷径的人只会跌进坑里。好女孩，别踏进"终南山"。拒绝虚无的诱惑，你也可以靠自己攀登上人生的巅峰。

再见！宾利先生

一

江城的樱花又开了。

在结束了一天的工作之后，我一个人走在江边，享受着晚风的轻抚。在江城的三月份里，路边的樱花便迫不及待地绽放了，粉嫩的一朵朵，簇拥着挤满了枝桠，粉得耀眼，不动声色地吸引着路人的视线。

淡淡的香气从鼻腔传到了大脑，我把有些凌乱的短发收到了脑后，思绪有些模糊。

"姐姐，你收养我好不好，妈妈，妈妈不要我了……"正在我出神时，一个五六岁大的小男孩跑了过来，眼泪汪汪地抱住了我的裤腿。

"你……你先别急，先跟姐姐说说妈妈怎么不要你了？"

尽管在公司里我能做到铁面无情，但面对这种"突发情况"，我还是有些慌乱。

"今天，爸爸下班回家，然后妈妈就和爸爸吵起来了，然后……妈妈……妈妈就说他们每天都要上班，养不起我，就不要我了。"小男孩抽泣着，两只手捂住了眼睛，肩膀不停地耸动着，柔嫩的脸颊上面淌满了泪珠。

在繁华的城市里，像小男孩父母这样的争吵应该每天都会发生吧？要是在五年前，处于一个女生最好年纪的我选择了另一条路，此刻的我又会不会到面临着被抛弃，并且痛恨浪费了青春的地步呢？

二

五年前的我，二十一岁，因为家离江城不算太远，所以毕业之后我直接选择了来江城找工作。这座城市很大，大到可以容纳几千万人居住；这座城市也很小，小到与你擦肩而过的路人在不久的某一刻就可能会与你再度重逢。

刚踏进这座城市，看见四处写着城市精神的标语时，不得不承认，我的内心有着一丝迷茫，但更多的是能够独自生活的兴奋。这可能我的个性有关，在毕业之后，我拒绝了父母给我的资助，同很多刚踏入社会的女生一样，幻想利用自己在大学里攒下来的积蓄，找到一份好工作。

可是幻想始终是幻想，在宾馆里住了几天后，我不得不面对一个问题——找一个住所。

其实在我离开家的时候父母就已经提出要帮我解决这个问题，但我还是拒绝接受他们的帮助。因为我始终感觉从小到大家里人为我付出了太多，更何况我心里一直默认的是我要凭借自己的力量在这座城市生存下去。

而正当我为了这个问题焦头烂额的时候，突然想起了梅姐。梅姐是我毕业前做家教的时候认识的一位雇主，离异后的她带着一个正在读小学的孩子到了江城，四处打拼，凭借着自己的努力以及在结婚时攒下的一些积蓄，这些年也做出了成绩。由于她的年龄比我大不了多少，所以平时我都会称呼她梅姐。

"可是她真的会帮我吗……"怀着不安地心情，我拨通了梅姐的电话，在电话里，我把我现在面临的处境以及我内心的想法说给了梅姐听。

在听完我的想法之后，梅姐答应了我的请求，于是第二天我就拖着行李箱，住进了梅姐家的楼上。

三

"这是我们公司的新来的助理兰兰，大家以后可要多多照顾她。"没想到，当我第一次投出简历的时候，竟然得到了公司的销售经理孙总的认可。在第一天上班的时候，孙总当着大家的面把我介绍给了大家。

"大家好，我是公司新来的经理助理兰兰，希望在今后的日子里能与大家共同学习、共同进步，还请大家多多关照。"在得到了孙总的支持之后，直视着在场的所有职员，我介绍了自己。

耳边传来了热烈的掌声，此刻的我心中有一种难以抑制的激情，谁说大学生就业难，不能一棍子打死所有大学生嘛。这种想法盘旋在我的脑海里。在当时的我看来，温文儒雅的孙总简直就是我遇见的一位贵人。

就这样，我开始了我的销售助理工作，其实这份工作不是特别难，每天只是整理和编辑一些公司的文件而已，也就是大家常说的"花瓶职业"，但还是需要细心以及耐心。在工作过程里虽然出现了一些不大不小的差错，但凭借着"孙总亲自介绍"这个头衔，我还是有惊无险地挺过了试用期。在这段时间里，我迅速适应了职场生活，虽然偶有风言风语飘进我的耳朵，但我选择了无视。

"兰兰，这几个月你做得挺不错的，我都看在眼里了，为了庆祝你转正，要不咱们今天晚上去吃个庆功宴吧。"一天下午的时候，孙总跑到我的身边，带着微笑说道。

"嗯……也行，反正我下班之后没什么事情，不过先说好了，我可不喝酒。"在思索了一阵之后，处于一种感激的心情，我笑着做出了肯定的答复。

"好，那下班之后你等我，我带你去丘比特。"丘比特是这边一家比较有名的情侣餐厅，我心里隐隐感觉到异样，但出自对孙总的感激，我没有出声。

孙总摇了摇手中带着小翅膀的车钥匙，走进了办公室。

转眼就到了下班时间，我坐上了孙总的宾利。

透过后视镜，我感觉到孙总的目光一直在打量我。为了不引起尴尬，我便无聊地望向路边一朵朵飞逝而过的樱花，一朵朵粉得耀眼，白得纯洁。

在吃完一顿浑身不自在的晚饭之后，孙总的车停在了一家宾馆门口。

"孙总，时候不早了，我要回家。"在觉察出异样之后我开口道。

"兰兰，你是个聪明的女孩，应该明白我是什么意思。只要你跟着我，我可以保证你这一辈子吃喝不用愁。"孙总镇定地说道，仿佛一个静静等待鱼儿上钩的渔翁。

　　这时候，我突然明白她们口中的"孙宾利"是什么意思了。

　　"对不起，孙总，我听不懂你在说什么。"这个时候，我只能选择不懂装懂。

　　"那我就明白跟你说吧，今天你要是陪我进了这个宾馆，以后我就养着你；你要是不愿意嘛，我也不强求，只不过你这个工作……"孙总笑着说道，一向斯文的派头此刻在我的眼中竟然显得那么猥琐。

　　我把车里的抽纸盒狠狠地砸在了孙总的脸上，打开车门，在路边拦了一辆出租车，回到了梅姐家里。

　　在出租车里，我把目前发生的一切都想了一遍，叹了口气，心说要重新找工作了，这一次，一定要找个女老板。

　　第二天，我向孙总提出了辞职，当众骂了他一顿。心满意足后，我搬着行李箱，走出了公司，望着街上忙碌而繁忙的人群，心里好像一下子失去了前进的动力。

　　这个时候，我又想到了梅姐的遭遇，笑着对自己说："没事，我一定要用自己的本领，在这个城市立足下去，做给那些老想占下属便宜的老板看！"

　　就这样，我在这座城市里摸爬滚打了六年，从一名小小的推销员，一直做到现在拥有一家属于自己的公司。曾经吃的苦，曾经受过的冷眼，都变成了我成功时的谈资，如今的我，也可以笑着说能在这座城市立足了。

只不过，我最讨厌的车，依然是宾利。

四

"昊昊，你怎么在这里啊，快跟妈妈回家。"正在我追忆的时候，小男孩的妈妈找了过来，妈妈望了我一眼，便要拉着小男孩回家。

"你不是不要我了吗，我不回家了……"小男孩嘟着嘴，一脸委屈。

"昊昊，快跟你妈妈回去吧，你妈妈可心疼你了。"我弯下腰，跟小男孩解释。

"好吧，那我能不能多玩一会 iPad。"小男孩嘟着嘴。

"行行行，快点跟妈妈回去吧。"小男孩的妈妈无奈地说。

在母子俩走远后，望着路边依旧粉嫩的樱花，我笑了起来。

我做出了至少现在看来是最正确的选择，再见了，宾利先生。

在女生年轻的时候，总会面对金钱的诱惑，要守住自己的底线，做出不会让自己后悔的选择。

生活是一场现场直播

大学是在离家很远的外地读书，除了假期，根本没有回家的机会，所以假期理所当然地成了我和家人得以朝夕相处的日子。

有一年暑假，每天晚饭过后，我都会陪姥姥和妈妈在小区周边散步消食。像这样的事情，看似平凡简单，实际上只有真正经历过，才会发现有多幸福……

那天晚饭过后，我们像往常一样，从家出来，绕过小区里蜿蜒曲折的石子路，来到小区门前的路口。

沿路有很多小区门口常有的小超市、水果店或者餐馆。然而最热闹的还是夏天，很多店铺的老板把生意搬到外边来做。客人们坐在外边，即便不点些饭菜也会要些零嘴和啤酒，一边唠嗑一边凉快着；没有了房间隔板，恍然会觉得回到了不分你我一起吃饭聊天的年代，其乐融融，早已把蚊虫燥热抛在了脑后。

夕阳西下，晚霞将视线所及之处都映得通红，空气里像是在煮着叫作幸福的东西，那诱人的味道挡都挡不住地扑鼻而来，叫人不能自已。

　　"姥姥，您看。"妈妈也随姥姥顺着我指的方向看过去。

　　街角处，依旧是那盏路灯，依旧是那束暖光，但如今却显得分外孤独。仿佛那位老人还在那儿忙活着，路灯直打下来的光束将他笼罩，佝偻瘦小的身体显得精神有力。以前中学在读的时候，每天放学回家路过这儿都会看到那位老人，头顶的白发和那张黝黑脸上布满的皱纹，像是在向旁人诉说着他跌宕起伏的一生，可如今，早已物是人非……

　　"哎，那老汉可勤快了，每天刚过中午就出来，晚上等人们都走了才回，就是可惜，老了老了也没享个福。"姥姥看着那空无一人的街角对我们说。

　　那老人打了一辈子光棍，人勤快，又老实，身体也不残缺，要不是因为他家丫头，指不定也能有个像样的家。

　　老人年轻的时候，因为家里过于清贫，又没什么文化，就只能靠卖些纸片维持生活。老人生性吃苦耐劳又勤奋，一个人的日子还算过得去，直到那年冬天的晚上，老人的生活才是真的发生了改变。

　　屋外飘着鹅毛大雪，屋里暖橘色的灯光下，老人心里美滋滋地，正哼着歌称量着当天收购的纸片，那质量和斤称，都是老人满意的。老人虽说做的是收纸片的营生，可是要求还是有的，所以卖纸片给老人的都是熟来熟往的人，这也就自然成了在这种大冷天老人也会满载而归的原因。

一切都来得太巧。一阵阵断断续续的孩子哭声,打断了老人的欣喜。老人打开门闻声寻去,在一摞齐齐整整的回收品旁边,眼前那个小包裹让老人不由一怔,老汉俯身细听,虽说这声音越来越弱,但着实是从那包裹里传出来的,老人就上前当心着打开包裹,竟然是个女婴!

这大冷天的,孩子都哭得没声了,也只能先抱回屋去。老人虽说无妻无子,但还是小心翼翼地把那孩子放在床上,给她取了暖,还给她泡了个馍馍吃。

老人一直过着底层老百姓的生活,多多少少听过这世间不如意的故事。果然,如老人所料,这是因为穷苦而被丢弃的孩子。

"可怜的孩子啊……"老人叹了口气。

那天晚上,老人一宿没睡。那孩子没缘由地一直哭闹,毫无经验的老人在当时也慌乱得很。第二天,就送那孩子去了派出所,心想能不能帮孩子找到父母,但毕竟是被故意丢掉的孩子,是真不好找,而且在那个年代,警察好心是不错,但日子也过得将将就就。老人怕那孩子跟别家遭罪,索性就自己带回来抚养了。

没有那孩子的时候,老人日子得过且过,不急不忙,算得上消停,所谓一人吃饱全家不饿。可是自从有了那孩子,老人的生活像是有了方向标一样,他知道收购纸片不足以维持家里开销,就做起了副业,修车、修鞋、送水……好多都尝试过,就为了给他丫头赚更好的日子，甚至有时候还想要他的丫头像其他正常孩子一样，啥都不差。

也有人劝过老人，让他把孩子送走，说总有地方要，可是时间一长，老人和那孩子都有了感情，都舍不得。也正是因为这个，老人再也没能有个家，所以一直自己亲自抚养那孩子长大。说也奇怪，如果不是天下难事只怕有心人，那一定是连老天爷都被老人感动了也帮衬他，那姑娘吃喝读书一样没比别的孩子少，尽管日子过得紧紧巴巴。

生活向来都会在你不知情的情况下，就发生了改变。

就在他丫头刚上大学那年，那姑娘的亲生父母不知道是怎么找来的，就很突兀地出现在老人简陋的院子里，说是后来做些小生意有了一笔可观的收入，但心里一直放不下那被丢掉的亲生骨肉。这些年一直在找，现在终于找到了，想把孩子领回自己身边，在以后的日子里弥补她。

这要求真的很荒唐，更是无理。这么多年了，老人为了这孩子不仅没成家，还节衣缩食地供养孩子上学，更重要的是老人对那丫头，有很深的感情，那可是真是视如己出啊！

老头虽说不舍得，但却不得不放手，毕竟丫头跟他们能有更好的生活。

大家都以为那丫头会留在老头身边，谁知道她却选择了和自己亲生父母回家。大家都不懂，也许是需要一个完整的家，或者是想要过更好的生活……总之她离开后，老人对唯一维持生计的营生也不上心了，每天只是凑合吃了就躺在屋里不出门，邻里看着也着急，偶尔过去问候下，但遗憾的是老人不久就因为身体原因，过世了……

他心里唯一惦记的丫头，在她父母那里，日子过得确实比以前光鲜得多，衣服崭新不重样，还学了她一直喜爱的钢琴。可是她爸妈常常忙于生意在外，不能陪她，只是丢她和保姆在一起，时间久了，她很想念她的养父，几次想要回去看看，但都很犹豫，毕竟当初是她选择离开了养父……

一次次犹豫中，她终于下定决心，回去看看有她父亲在的家。

还是那个简陋的院子，还是那个清贫的家，窗户上那盆唯一为生活增添气息的花儿也开始奄奄一息。当她得知父亲去世的消息后，她呆呆地站在屋子里，环视着那个清贫却充满爱的家。

为了她上学，父亲几乎都是摸黑出门；为了不让她难堪，父亲总是在离学校有一段距离的位置接她放学；为了让她和其他孩子一样，每一个生日，父亲都精心为她准备。

一想到这些，她早已泪流满面，但是她知道，都回不去了……尽管她知道她当初的选择不该，尽管她为当初的选择懊悔，可依旧抵不过生活是一场现场直播这样的事实。

后来，她搬回了这个院子，她知道，她不该再依附于任何人，认真生活才是她已故父亲的最大心愿。也就是在这个院子里，她用心开始了她生活的现场直播……

一步错步步错

人生的道路或许真的没有一帆风顺的。每个人也许都有在人生的十字路口、面临选择的那一天。而你做出选择的那一刻就是人一生中至关重要的时刻，因为如果选对了，就意味着你的人生将会减少很多不必要的麻烦；而如果选错了，也就真的是一步错步步错了。

十八岁或许是每个人生命中最美好、最青春的时节，可晓敏的人生从这个夏天起，就注定了她的不平凡。正当别的同学都拿着大学通知书欢欢喜喜地步入大学校园的时候，晓敏却因为家庭的原因不得不放弃自己心仪的大学。因为父亲的病加重了，再加上弟弟妹妹的学费，家里实在是负担不起。

接着母亲的一纸婚约让年纪轻轻的晓敏彻底结束了学生时代的生活。在母亲的苦苦哀求下，晓敏接受了母亲的安排，嫁给了同村一个在城里打工的小伙子赵军。赵军虽然没什么文化，家庭条件却还不错，而且赵军还十分喜欢晓敏，因而性格有些懦弱的晓敏也接受了以这种方式来缓和家庭的重担。

嫁为人妇的晓敏再也不是以前的小女孩儿了，她开始像其他的家庭主妇一样每天都在家不是洗衣就是做饭，要不就是看电视等丈夫回家。好不容易等到丈夫回到家了，两个人却没什么话说。晓敏常常为了缓和家庭气氛会跟丈夫说一些自己认为有趣的事情，可这些在赵军看来却很无聊。

很快这种跟丈夫没有共同语言的又平淡无味的日子让晓敏感到厌倦，她小心翼翼地跟丈夫提出了自己想要工作的想法。可没想到这一想法却遭到了丈夫强烈的反对，丈夫甚至对她说："你一个女人不好好在家待着，成天往外面跑像个什么样子。再说了就你那文化水平出去能赚几个钱呀？我少你吃还是少穿了？"听完丈夫的一番话，晓敏想工作的心碎了满地，对丈夫失望至极的心情也可想而知。

日子就这样索然无味地过着，晓敏对生活的激情也慢慢在消失。突然有一天晓敏在无聊之际接到了一个高中同学的电话，是邀请她参加同学聚会的，听到这个消息晓敏开心得半天都没回过神儿来，因为她已经好久没出门了。

那天早上晓敏把自己打扮得漂漂亮亮地出了门，在 KTV 包间里晓敏再次邂逅了她高中时候的初恋男友杨轩。看着如今风度翩翩、举手投足间充满了男人味儿的杨轩，晓敏的思绪又飘回到了学生时代，想想那时候的爱情，虽然有些青涩却又是那么甜蜜。

很快杨轩也在人群中认出了晓敏，多年未见的两人因为拥有共同的回忆，所以一见面就特别谈得来。聚会结束待众人散去后，两人还交换了联系方式，并且在接下来的日子里，杨轩经常打电话约晓敏出来见面聊天，或者是谈论一些其他的两人感兴趣的事物。

随着晓敏和杨轩接触次数的越来越多，晓敏对生活的信心也重新被点燃，因为她发现自己对杨轩的那种爱慕越来越深，自己也越来越贪恋和杨轩在一起的时光。尤其是每当晓敏独自一人在家的时候，总是很渴望见到与她情投意合的杨轩。渐渐地，晓敏对自己的丈夫越来越厌烦，她开始疏远赵军，而且从赵军身上发现了越来越多的缺点；与此同时面对杨轩的甜言蜜语，晓敏的心也开始动摇了。

虽然晓敏知道自己已婚的身份在法律上是不道德的，但她真的很爱杨轩，最终情感战胜了理智。既然杨轩都不在乎，自己还介意什么呢？更何况自己的丈夫又不在意自己。紧接着晓敏开始背着丈夫偷偷跟杨轩约会，两人一起出入一些高级的娱乐场所，而且在杨轩的怂恿下，晓敏甚至开始和他偷情还发生了关系，随着两人消费水平的提高，晓敏常常拿自己老公辛辛苦苦挣来的钱来支撑他们的爱情。

晓敏就这样开始了两人的同居生活。就在晓敏感觉杨轩跟之前有些不同的时候，发现了杨轩一个可怕的秘密：杨轩不仅自己吸毒还协同别人贩毒！晓敏生气之余跟杨轩大吵了一架说："我还当你成天偷偷摸摸一个人在干嘛呢？原来你不仅吸毒还贩毒？"杨轩听了晓敏的话，眼中闪过了那么一丝惊慌，却又很快镇定下来说："我也不知道是什么时候染上的毒瘾，你原谅我吧？虽然我也很后悔可我有什么办法呢？"晓敏伤心地说："你可以去戒毒啊！你不知道这是违法的吗？"杨轩哭着说："我当然知道，可我不想死啊，如果我能戒掉早就戒了。"没过多久晓敏发现了自己身体的异样，自己也染上了毒瘾！

懊恼之余，晓敏想要离开杨轩，可是面对杨轩的威逼利诱，晓敏选择了妥协。因为杨轩告诉她，一旦染上毒瘾是戒不掉的，而且如果他们吸毒贩毒的事情被发现，不仅要遭到别人的唾弃，更会受到法律严惩，会判死刑的，他们的人生也就完了。

慢慢地晓敏变得越来越堕落，她不再是当年那个有理想有激情的晓敏了。她的身体越来越差，面色苍白，脾气秉性也发生了巨大的改变，终于被长期在外一直疲于工作的丈夫赵军发现了的异样。

　　经过一系列的跟踪调查，他发现自己的妻子吸毒而且还出了轨，痛心之际他跟晓敏提出了离婚。离婚后的晓敏很快就发现杨轩再也不像以前那样对她好了，因为她无法再提供给他充足的金钱。这样暗无天日的日子并没有过多久，杨轩在和犯罪同伙的一次交易中被警方抓获了，随之而来的是晓敏的被捕，因为她窝藏罪犯，知情不报还吸毒。

　　待在监狱中的晓敏此时可真的是一无所有了。她悔不当初，如果自己没有与杨轩狼狈为奸，没有跟他出轨，或许现在也不会染上毒瘾，也不至于失去自己的家庭和丈夫。

　　想想自己的父母和亲人，晓敏感到悲痛万分，可是时光总是无情的，不会因为任何人的忏悔，也不会因为任何人的乞求而停下脚步，一切都已无法改变。晓敏也常常望着外面的天空在想，倘若她当初没有接受婚姻、坚持读书、拒绝杨轩的追求、没有出轨，那她的人生是不是就不会是现在这个样子了？答案是一定的，可人生是无法回头的，一步错步步错。

　　其实，每个人的生活中都会出现这样那样的一些诱惑，这些都不重要，重要的是我们该如何选择，都要坚定自己的理想，做出正确的选择。因为人生的路上没有后悔药，一不小心做错的一个选择将会改变人的一生，一旦出现任何失误，那可能将是一步错步步错。